Daniel Metzsch

Erprobung der Methode des Stationenlernens zur Förderung der Kompetenz Erkenntnisgewinnung im Themenbereich Salzbildungsarten

Eine Unterrichtsreihe im Fach Chemie in einer 9. Klasse des xy-Gymnasiums

GRIN Verlag

Bibliografische Information der Deutschen Nationalbibliothek:

Die Deutsche Bibliothek verzeichnet diese Publikation in der Deutschen Nationalbibliografie; detaillierte bibliografische Daten sind im Internet über http://dnb.d-nb.de/ abrufbar.

Impressum:

Druck und Bindung: Books on Demand GmbH, Norderstedt Germany
ISBN: 978-3-656-05887-8

Dieses Buch bei GRIN:

http://www.grin.com/de/e-book/182075/erprobung-der-methode-des-stationenlernens-zur-foerderung-der-kompetenz

3. Schulpraktisches Seminar Berlin Reinickendorf
Lindauer Allee 23-25
13407 Berlin

Berlin

Schriftliche Prüfungsarbeit zur Zweiten Staatsprüfung

für das Amt des Studienrates

zum Thema

„Erprobung der Methode des Stationenlernens zur Förderung der Kompetenz Erkenntnisgewinnung im Themenbereich Salzbildungsarten

Eine Unterrichtsreihe im Fach Chemie in einer 9. Klasse des xy-Gymnasiums“

vorgelegt von
StRef Daniel Metzsch

am 03. Mai 2011

Inhalt

Abbildungsverzeichnis

Tabellenverzeichnis

Abkürzungen

z.B.	zum Beispiel	ggf.	gegebenenfalls	A	Anhang
(f)f.	(fort)folgend	usw.	und so weiter	ebd.	ebenda
vgl.	man vergleiche	bspw.	beispielsweise	S.	Seite
bzw.	beziehungsweise	u.a.	unter anderen	o.a.	oder andere
R	Reaktion				

„DER IST DER BESTE LEHRER, DER SICH NACH UND NACH ÜBERFLÜSSIG MACHT!“
GEORGE ORWELL (1903-1950, ENGLISCHER SCHRIFTSTELLER)[1]

1. Einleitung

In Zeiten von Diskussionen über die Vor- und Nachteile von Frontalunterricht[2] und offenen und schülerorientierteren Arbeitsformen[3] fragt man sich als angehender Lehrer, was nun eigentlich unabhängig von den Meinungen Meiers, Klafkis und anderen großen Bildungstheoretikern unserer Zeit unter gutem (Chemie-)Unterricht verstanden wird. Wie viel Frontalunterricht ist gerade noch in Ordnung und wie viele schülerorientierte Lernumgebungen kann man bei 26 Unterrichtsstunden pro Woche gestalten, ohne stressbedingt mit 40 im Burnout zu landen? Dennoch wird es wohl jeder Lehrer und jede Lehrerin als angenehm empfinden, wenn die Lernenden im Unterricht selbstständig und effektiv arbeiten, ohne dass man 40 Minuten lang den Alleinunterhalter mimt. Ich selbst empfinde es jedenfalls so. Und ist es nicht unser Anliegen, unsere Schüler/-innen zu eigenständig denkenden und handelnden Menschen zu erziehen? Offener Unterricht[4] oder offene Arbeitsformen könnten der Schlüssel dazu sein. Eine von mir häufig eingesetzte Methode im Unterricht ist das *Lernen an Stationen* (vgl. 2.2). Obwohl die Vorbereitung solcher Methoden immer sehr aufwändig ist, kann man sich im Unterricht aus dem Geschehen zurückziehen, die Lernenden verstärkt beobachten, sich individuell um einzelne Schüler/-innen kümmern und später von den bereits vorbereiteten Materialien zehren. Ganz davon abgesehen, macht es mir Spaß, an solchen Materialien zu arbeiten, sie im Unterricht einzusetzen und hinterher zu reflektieren. Doch der wohl wichtigere Punkt ist, wie sich unsere Schülerinnen und Schüler im Unterricht fühlen und welcher Lernerfolg sich einstellt. Einerseits könnte nach Gräber (1992; S. 271) ein Weg dorthin ein Chemieunterricht sein, der die Sachinteressen der Lerngruppen berücksichtigt. Nun können aber aufgrund relativ enger curricularer Vorgaben nicht alle „unattraktiven“ Fachinhalte weggelassen bzw. auch nur in Grenzen in „attraktive“ Kontexte gepackt werden. Nach Bolte (2004; S. 2ff.) wäre Chemieunterricht andererseits effektiver, wenn Lernende Partizipationsmöglichkeiten hätten und sozial in den Unterricht eingebunden wären, wenn sie also Inhalte, Arbeitsformen, Lernpartner/-innen o.a. mitbestimmen dürften. Traditionelle Unterrichtskonzepte wie die direkte Instruktion der Lehrkraft dürften hier wohl eher hinten anstehen und offenere Methoden wie das *Lernen an Stationen* durch eine hohe Schüleraktivität und Möglichkeiten der Mit- und Selbstbestimmung förderlicher sein. Stellt dies also eine Möglichkeit dar, den Unterricht schülerorientierter und effektiver zu gestalten, warum sollte man sie nicht nutzen und den Unterricht damit bereichern?

---

[1] Zitat aus *http://www.zitate.de/autor/Orwell,+George/* (abgerufen am 29.01.2011 um 10:12 Uhr)
[2] Sammelbegriff für lehrerzentrierte Arbeitsformen wie den Lehrervortrag oder das Unterrichtsgespräch.
[3] Arbeitsformen werden auch Methoden genannt. Sie bezeichnen „Planungs- und Handlungsmuster, die sich auf die Gestaltung längerer Sequenzen, mindestens auf die Planung ganzer - 45- oder 90-minütiger - Unterrichtstunden beziehen“ (aus: Wiechmann 2000; S. 9). Wiechmann grenzt sie damit von kleineren Elementen des Unterrichts ab.
[4] „Mit dem Terminus „Offener Unterricht“ wird ein Unterricht bezeichnet, dessen Unterrichtsinhalte, -durchführung und -verlauf nicht primär vom Lehrer, sondern von den Interessen, Wünschen und Fähigkeiten der Schüler bestimmt wird, wobei der Grad der Selbst- und Mitbestimmung des Lernenden durch die Schüler zum entscheidenden Kriterium des Offenen Unterrichts wird“ (aus: Jürgens 2004; S. 43).

Die für mich nun entscheidenden Fragen sind aber: Wie gut sind solche offenen Arbeitsformen eigentlich? Können also zentrale Kompetenzbereiche gefördert werden? Und: Lernen unsere Schüler/-innen auf diese Art tatsächlich selbstständiger und effektiver, wo man doch den Lernstoff auch im Frontalunterricht unter wesentlicher Zeitersparnis an die Tafel bringen könnte? Daher möchte ich in dieser Arbeit drei Leitfragen beantworten:

1. Inwiefern fördert das *Lernen an Stationen* den Kompetenzbereich der Erkenntnisgewinnung im Fach Chemie?
2. Wie stark kann die Methode *Lernen an Stationen* selbstständiges Lernen fördern?
3. Welcher Lernerfolg tritt ein?

Erkenntnisgewinnung halte ich für eine zentrale Kompetenz des Chemieunterrichts, weshalb ich sie als Untersuchungsschwerpunkt ausgewählt habe. Allein die Tatsache, dass Lernende irgendwie bzw. mit irgendwas experimentieren, fördert nicht von selbst diese Kompetenz. Ich möchte darüber hinaus abweichend vom Titel der Arbeit einen zweiten Schwerpunkt setzen und überprüfen, inwiefern selbstständiges Lernen mit dieser Methode gefördert werden kann. Die dritte Leitfrage lässt sich aufgrund von Schülerprodukten und eigenen Eindrücken zumindest subjektiv beantworten. Dieser Leitfrage wird im Folgenden weniger Bedeutung beigemessen. Ich möchte verstärkt auf die Fragen 1 und 2 eingehen.

Zur Beantwortung dieser Fragen wurde in der Zeit vom 10. Februar bis zum 24. Februar 2011 eine sechsstündige Unterrichtsreihe mit dem Titel „Salze auf zig Arten“ im Rahmen des Chemieunterrichts zum Thema „Salzbildungsarten“ in einer 9. Klasse des Coubertin-Gymnasiums durchgeführt (vgl. Kapitel 3). Die Schüler/-innen haben sich in dieser Zeit das Thema an Stationen unter dem Einsatz von Schülerexperimenten selbst erarbeitet, mussten ein Portfolio[5] anfertigen und im Zuge dessen das Gelernte sowohl fachlich als auch die Methode unter dem Aspekt der Selbstständigkeit reflektieren. Der thematische Rahmen der Unterrichtsreihe resultiert aus schlechten Vorerfahrungen mit diesem Thema. Vor ca. zwei Jahren hatte ich bereits schon einmal eine neunte Klasse in Chemie unterrichtet und musste dieses Thema vermitteln. Damals als blutiger Anfänger hatte ich dieses Thema aufgrund seiner Komplexität sehr kleinschrittig und stark lehrerzentriert unterrichtet. Das Thema erfordert von den Schülern/-innen nicht nur die Zusammenführung und Wiederauffrischung mehrerer Stoffgebiete, die unter Umständen längere Zeit zurückliegen (z.B. Säuren und Laugen), sondern auch den sicheren Umgang mit und das Verständnis für chemische/-n Formeln, Reaktionsgleichungen und der/die Ionenschreibweise. Daraus resultierend war der Lernerfolg damals eher gering. Die meisten Schüler/-innen konnten ihr Wissen zwar reproduzieren aber nicht anwenden. Daher finde ich es interessant zu sehen, ob ein anderer methodischer Zugang zu dem Thema mehr Erfolg bringt. Zur Überprüfung der drei Leitfragen wurden die Lernenden unter Verwendung eines Beobachtungsbogens (vgl. 2.4) von mir beobachtet und die Portfolios hinterher eingesammelt und ausgewertet. Vorausgehend erfolgt nun eine theoretische Einführung. Aufgrund dieser kurzen Einleitung sind zunächst „Erkenntnisgewinnung“, „Lernen an Stationen“ und „selbstständiges Lernen“ zentrale Begriffe der Arbeit. Erläuterungen möglicher weiterer Begriffe erfolgen dann über Fußnoten.

---

[5] „Portfolios sind Sammlungen von Dokumenten, die unter Beteiligung der Schülerinnen und Schüler zustande kommen und etwas über ihre Lernergebnisse und Lernprozesse aussagen.“ (aus: Winter 2007; S. 34).

2. Zur Theorie

2.1 Der Kompetenzbereich Erkenntnisgewinnung

Beim Nachdenken über das Wort „Erkenntnisgewinnung" mit Blick auf den Chemieunterricht sinnt man sehr schnell auf einen Begriff: Experiment. Häufig ist im Chemieunterricht tatsächlich die Frage, inwiefern ein Thema experimentell zugänglich ist. In dieser und auch in anderen Naturwissenschaften ist das Experiment als solches zentraler Inhalt und zentrale Methode des Unterrichts (vgl. Becker, Glöckner, Jüngel, Hoffmann 1992; S. 336). Doch es ist vielmehr neben anderen zu nennenden Arbeitstechniken, z.B. Beobachtung, Vergleich oder Modellbildung, einer von vielen Wegen zur Erkenntnisgewinnung im naturwissenschaftlichen Unterricht (vgl. Rahmenlehrplan Chemie Sekundarstufe 1 2006; S. 10).

Die Erkenntnisgewinnung wird als zentraler Kompetenzbereich des Chemieunterrichts angesehen. Dies wurde zum einen von der Ständigen Konferenz der Kultusminister und –senatoren der Länder (kurz: KMK) durch die Herausgabe der sog. Bildungsstandards[6] für den mittleren Schulabschluss im Jahr 2004 und später vom Senator für Bildung, Jugend und Sport des Landes Berlin durch die Herausgabe eines verbindlichen Rahmenlehrplans für das Land Berlin (vgl. ebd.) im Jahr 2006 curricular verankert. Zur Erkenntnisgewinnung müssen die Lernenden orientiert an einem vorgegebenen Problem Phänomene beschreiben und beobachten, Fragen formulieren und Hypothesen aufstellen (vgl. ebd.). Dabei wenden sie naturwissenschaftliche Arbeitstechniken wie z.B. das Zurückführen auf Bekanntes, Systematisieren, Vergleichen und Experimentieren an (vgl. ebd.). Darüber hinaus ist der adäquate Umgang mit Modellen von Bedeutung. Modellbildung spielt im Erkenntnisprozess immer dann eine Rolle, wenn es darum geht, komplexe Phänomene zu vereinfachen und zu veranschaulichen. Die Lernenden verwenden und hinterfragen ein Modell als eine idealisierte Darstellung eines existierenden (z.B. Modell eines Hochofens) oder gedachten Objektes (z.B. Atommodell).

Der gültige Rahmenlehrplan weist die folgenden Standards[7] zur Erkenntnisgewinnung aus:
„Die Schüler/-innen...

- ...erkennen und entwickeln Fragestellungen, die durch chemische Kenntnisse und Untersuchungsmethoden zu beantworten sind.
- ...stellen Vermutungen und Hypothesen auf.
- ...planen geeignete Untersuchungen zur Überprüfung von Vermutungen und Hypothesen.
- ...führen qualitative experimentelle und andere Untersuchungen durch und protokollieren diese.
- ...führen einfache quantitative Untersuchungen durch.
- ...experimentieren unter Beachtung von Sicherheits- und Umweltaspekten.
- ...finden in erhobenen oder recherchierten Daten Trends, Strukturen und Beziehungen und erklären diese und / oder ziehen geeignete Schlussfolgerungen.
- ...nutzen geeignete Modelle, um chemische Fragestellungen zu beantworten."

(aus: Rahmenlehrplan Chemie Sekundarstufe 1 2006; S. 18).

---

[6] Bildungsstandards sind von der KMK herausgegebene für die Länder verpflichtende Standards (vgl.Fußnote 7).
[7] Standards sind zu erwerbende Fähigkeiten und Fertigkeiten, die sich je nach Schulform unterscheiden.

Die eben genannten Standards sollen später als Beobachtungspunkte zur Prüfung der Leitfragen dienen. Diese Fähigkeiten und Fertigkeiten sind als Ziel-Zustand zu verstehen, der am Ende der zehnten Klasse erreicht sein soll. Auffällig ist, dass diese für den Doppeljahrgang 9/10 sich kaum von jenen unterscheiden, die am Ende der achten Klasse erreicht werden sollen. Es sind lediglich zwei Standards ergänzt worden. Dies spiegelt den spiralcurricularen Aufbau des Chemieunterrichts wieder (vgl. ebd.; S. 13). Das nun folgende Kapitel gibt einen kurzen theoretischen Abriss über die während der Unterrichtsreihe verwandte Methode.

2.2 Das Lernen an Stationen

2.2.1 Begriffsklärung und Grundideen

Das *Lernen an Stationen* (synonym können Begriffe wie Lernzirkel und Stationenlernen verwendet werden[8]) hat seinen Ursprung in der Mitte des 20. Jahrhunderts. Es wurde erstmals 1952 von Ronald Ernest Morgan und Graham Thomas Adamson verwendet und stammt aus dem Sport. In dem damals so bezeichneten „Zirkeltraining" war eine Anzahl von Übungsstationen entweder der Reihe nach oder in freier Auswahl zu durchlaufen (vgl. Bauer 2010; S. 58).

Nach heutigem Verständnis handelt es sich beim Stationenlernen um eine Arbeitsform bzw. Methode des offenen Unterrichts[9]. In dieser Arbeit soll angelehnt an Bauer (2010; S. 59) folgende Definition zu Grunde gelegt werden: „Lernen an Stationen (oder auch Lernzirkel, Stationenlernen, Übungszirkel usw.) beschreibt jeweils das zusammengesetzte Angebot mehrerer Lernstationen (einzelne, thematisch abgegrenzte Arbeitsaufträge), das die Lernenden im Rahmen einer übergeordneten Thematik bearbeiten.". Durch den Einsatz dieser Methode kann ein Stoffgebiet ganzheitlich und nicht stückweise und nach und nach über Buchaufgaben, Arbeitsblätter usw. erarbeitet werden. Das gesamte Stoffangebot steht dem Lerner und der Lernerin von Anfang an zur Verfügung. Das Material ist idealerweise so aufbereitet, dass an festen Stationen ein begrenztes, themen- und zielgebundenes, handlungsorientiertes, mehrkanaliges, ganzheitliches Lernen erlaubendes Angebot den Lernenden zur Verfügung gestellt wird. Lernzirkel können aber nicht nur zur Erarbeitung eines Themas, sondern ebenfalls als Methode zum Üben dienen. So kann bspw. ein Stoffgebiet vor einer Klassenarbeit durch die Lehrkraft nochmals so aufbereitet werden, dass die Lernenden innerhalb eines Lernzirkels unter freier Auswahl der Lernstationen ihren Bedürfnissen und Wünschen entsprechend üben. Einer der wesentlichen Vorteile liegt auf der Hand: Es findet ein Unterricht mit weniger Lehrerzentrierung, erhöhter Schüleraktivität und orientiert an den Fähigkeiten und Möglichkeiten der Schüler/-innen statt (vgl. Bauer 2010; S. 60). Anzumerken ist, dass bei Anwendung dieser Methode ständig Bewegung im Raum ist. Die Lernenden gehen zu den verschiedenen Stationen, vergleichen ihre Ergebnisse, holen sich Lösungskärtchen usw.. Das folgende Kapitel stellt kurz die organisatorischen Voraussetzungen vor.

[8] Je nach Autor können die Begriffe auch mit verschiedenen Bedeutungen besetzt sein. Es soll aber in dieser Arbeit keinen Unterschied machen und sie sind synonym zu verwenden.

[9] Der Terminus „offener Unterricht" wurde in der Einleitung bereits definiert.

2.2.2 Organisatorische Voraussetzungen und Durchführung

Lerngruppen müssen an diese Methode herangeführt werden. Aus eigener Erfahrung kann ich sagen, dass es bei den ersten Malen nie wirklich ohne Probleme abläuft. Umso wichtiger ist es, dass man sich der organisatorischen Arbeit im Vorhinein bewusst ist und den Schülern/-innen gewisse Dinge transparent macht. Es soll hier nur eine Auswahl an Dingen dargestellt werden, die zu berücksichtigen sind. Dem interessierteren Leser sei die Lektüre von Bauer (2010; S. 66 ff.) empfohlen.

Lernende können in die Planung einbezogen werden. In einer Einführungsstunde kann man das Vorwissen und die Interessen der Lernenden zu einem bestimmten Thema erfragen und diese bei der Konzeption der Stationen berücksichtigen. Natürlich sind die Ausführungen des Curriculums ebenso relevant und zu berücksichtigen (vgl. Bauer 2010; S.111). Orientiert am Vorwissen, den Interessen und dem Curriculum ergibt sich bereits eine Struktur des Lernzirkels. Einzelne Tätigkeiten, Versuche, Erklärungen, Beobachtungen, Schlussfolgerungen und Festlegungen bilden die Grundlagen für die einzelnen Arbeitssituationen.

Zunächst einmal ist für die räumlichen, experimentellen und technischen Voraussetzungen zu sorgen. Der Raum ist entsprechend herzurichten, Tische sind entsprechend hinzustellen, Orte für Lösungs- und Hilfekarten auszuwählen und als solche zu kennzeichnen. Sind z.B. Computer notwendig, müssen diese beschafft und deren korrekte Funktionsweise gesichert werden. Für Experimente muss das notwendige Material zur Verfügung stehen und es ist ggf. an Gas- und Wasseranschlüsse zu denken. Darüber hinaus sind Funktionalität und Erfolg der Experimente vorab zu prüfen.

Die Wahl der Sozialform[10] und Lernpartner/-innen kann in die Hände der Schüler/-innen gelegt werden. Wer allein arbeiten möchte, kann das tun. Wenn eine ganze Gruppe zusammen arbeiten möchte, kann sie das ebenfalls tun. Diese Entscheidungen trifft die Lehrkraft auch in Abhängigkeit von der Sozialstruktur der Klasse.

Differenzierung[11] und Individualisierung kann die Methode ebenfalls leisten. Wichtig ist, dass den Schülern/-innen ein Auswahlangebot zur Verfügung gestellt wird, wobei verschiedene Schwerpunkte gesetzt werden können: verschiedene Lerneingangskanäle (Hören, Sehen, Handeln, usw.), verschiedene Repräsentationsebenen[12] (enaktiv, ikonisch, symbolisch) und verschiedene Arbeitstempi (vgl. Bauer 2010, S. 110). Den letzten Punkt kann man durch ein breit gefächertes Angebot an Lernstationen realisieren. Es können z.B. Pflicht- und Wahlstationen angeboten werden. Pflichtstationen sind solche, die jede/-r bearbeiten muss. Wahlstationen können nach Interesse und zur Verfügung stehender Zeit bearbeitet werden,

---

[10] Unter Sozialformen wird die Art und Weise verstanden, wie der Lehrer die Schüler/-innen zum Lernen organisiert. Die Sozialform ist demnach eine Organisationsform, die durch bestimmte interaktionale (Personen arbeiten zusammen) Konstellationen gekennzeichnet ist (vgl. Becker 1997; S. 104). Man unterscheidet in Einzel-, Partner, Gruppen- und Plenumsarbeit (vgl. ebd.; S. 103).

[11] Differenzierung oder Binnendifferenzierung beschreibt die individuelle Förderung einzelner Lernender innerhalb der bestehenden Lerngruppe (vgl. Becker, Glöckner, Jüngel, Hoffmann 1992; S. 328).

[12] Nach Jerome S. Bruner (1974; S. 49) durchläuft ein Mensch beim Lernen drei Ebenen, die jeweils zu Einsicht führen: die **e**naktive Ebene (Handlungsebene), die **i**konische Ebene (bildliche Ebene) und die **s**ymbolische Ebene (Darstellung mit Symbolen, Buchstaben, Zahlen, Rechenzeichen,...). Das bezeichnet man auch als EIS-Prinzip.

wobei diese attraktiv und nicht bestrafend oder als zusätzliche Arbeit wirken sollten. Das Angebot an Wahlstationen sorgt abermals für Individualisierung.

Es müssen klare und transparente Vereinbarungen für die Stationsarbeit getroffen werden. Arbeits- und Verhaltensregeln müssen besprochen und auf deren Einhaltung geachtet werden. Insbesondere, wenn auch experimentiert wird, muss man sich auf seine Lerngruppe verlassen können. Auch die Klassengröße spielt eine Rolle. Die Einhaltung von Sicherheitsregeln muss immer gewährleistet sein. Die Lernenden müssen außerdem wissen, wie sie ihre Ergebnisse sichern und sich ggf. Hilfe beschaffen können. Eine Möglichkeit wäre es, dass die Lernenden durch den Einsatz von Lösungs- und Hilfekärtchen die Ergebnissicherung (Selbstkontrolle) und Hilfebeschaffung selbst übernehmen. Zur Erhöhung der Transparenz sollten Stationen durch Hinweisschilder oder Ziffernkarten sichtbar gemacht und außerdem kann ein Laufzettel ausgegeben werden, damit die Lernenden einen Überblick darüber haben, welche Stationen angeboten werden und welche sie schon bearbeitet haben.

Und letzten Endes muss man sich auch über die Bewertung und Reflexion des Lernzirkels Gedanken machen. Offene Arbeitsformen wie diese sollten nicht ständig der Kontrolle der Lehrkraft unterliegen. Vielmehr sollten die Lernenden zum eigenen Reflektieren angeregt werden. Dies kann bspw. durch das Anlegen eines Portfolios oder eines Lerntagebuches[13] realisiert werden. So kann man die Lernenden verstärkt dazu bringen, Verantwortung für ihr eigenes Tun zu übernehmen (vgl. ebd.; S. 140). Die Lehrkraft kann während dieser stark schülerorientierten Phasen in eine Beobachterposition gehen und Lernende hinsichtlich ihres Sozialverhaltens, ihrer Arbeitsweisen, ihrer Ausdauer und letztendlich der fachlichen Richtigkeit beobachten und dann auch beraten. Beobachtungsergebnisse können die eventuell schriftlich vorliegenden Ergebnisse (z.B. in Form eines Portfolios) unterstützen und dann auch in die Bewertung einfließen. Es spricht aber auch nichts dagegen nach einem entsprechend ergebnisgesicherten Lernzirkel eine Klassenarbeit oder einen Test zu schreiben. Nach Bauer (2010; S. 143) wäre eine schriftliche Leistungsmessung aber nicht immer in dem Umfang verlangt und erforderlich wie von vielen Lehrkräften praktiziert.

2.2.3 Die veränderte Rolle der Lehrkraft während des Lernens an Stationen

„Wann soll ich das bei 26 Stunden Unterricht alles vorbereiten?", wäre bestimmt eine Frage von Kritikern des offenen Unterrichts. Doch man muss zwei entscheidende Vorteile sehen:

- Während des Unterrichts ist man entlastet.
- Bereits vorbereitetes Material kann man immer wieder verwenden und, falls es digitalisiert vorliegt, auch nachbearbeitet und an Lerngruppen angepasst werden.

Den zentrale Unterschied ist gegenüber einem stark lehrerzentrierten Unterricht, dass man seine Vermittler- und Anweisungsrolle verlässt und den Schwerpunkt seiner Arbeit in der Vorbereitung, der Aufarbeitung des Stoffes und der Organisation des Unterrichts sieht (vgl.

[13] „In einem Lerntagebuch dokumentieren und reflektieren Schüler/-innen ihre individuellen Lernprozesse in eigenen Worten. Sie halten alle Aspekte ihrer Arbeit (Ideen, Aha-Erlebnisse, Fehler, Gefühle usw.) fest. Das Lerntagebuch ist damit ein langfristiger und dauerhafter Begleiter." (aus: Barzel, Büchter, Leuders 2007; S. 130). Hier deutet sich eine noch stärkere Abkehr vom fachlichen Inhalt als beim Portfolio an.

Bauer 2010; S. 157). Vielleicht fällt es so manch einem alteingesessenen Kollegen schwer, sich von seiner zentralen Rolle im Unterricht zu lösen und mehr Verantwortung in die Hände der Lernenden zu geben. Doch ist es nicht genau das, was wir wollen: eigenverantwortlich arbeitende und denkende junge Menschen erziehen? Ohne Frage, die Lehrerrolle wird bei offeneren Arbeitsformen zunehmend eine andere. Ob unsere Schüler/-innen dadurch tatsächlich selbstständig lernen, ob sie mehr oder weniger lernen, kann an dieser Stelle nicht beantwortet werden. Diese Arbeit soll aber helfen, diese Fragen beantworten zu können. Die veränderte Lehrerrolle lässt sich so zusammenfassen: Die Lehrkraft...

- ...tritt aus dem Zentrum.
- ...wendet sich seltener an die ganze Klasse, sondern eher an Einzelne, die gerade Hilfe benötigen.
- ...beobachtet die Lerngruppe.
- ...spricht weniger.
- ...stellt Angebote für unterschiedliches Arbeiten und unterschiedliche Zugänge zur Verfügung.
- ...ist weniger aktiv zugunsten der erhöhten Schüleraktivität.
- ...lässt Schüler/-innen sich frei entfalten und bewegen.
- ...behält den Überblick und hilft Ordnung zu halten und Rücksicht zu nehmen.

(vgl. ebd.; S. 160).

2.2.4 Wesentliche Vorteile des Lernens an Stationen

Die aus meiner Sicht wichtigsten Vorteile des Stationenlernens fasse ich hier noch mal zusammen:

- Schüler/-innen lernen entsprechend ihrer individuellen Bedürfnisse und Interessen.
- Die Schüler/-innen sind aktiv.
- Die Arbeitsweisen beim Stationenlernen stärken die Eigenverantwortung der Lernenden.
- Die Schüler/-innen arbeiten mit anderen zusammen bzw. kooperieren mit ihnen und lernen Sozialkompetenz.
- Die Lehrkraft rückt aus dem Zentrum des Unterrichts und kann sich z.B. der Schülerbeobachtung widmen.
- Bereits vorbereitetes Material kann immer wieder verwendet werden.
- Die Lehrkraft hat mehr Zeit sich der Förderung einzelner Schüler/-innen zu widmen.

Doch überwiegen diese Vorteile gegenüber der Zeitersparnis im Frontalunterricht und der Vorbereitung desselben? Können zentrale Kompetenzen gefördert werden? Die Theorie abschließend soll im nun folgenden Kapitel der Begriff des „selbstständigen Lernens" näher beleuchtet werden. Später kann dann geklärt werden, ob das *Lernen an Stationen* tatsächlich selbstständiges Lernen oder Erkenntnisgewinnung fördern kann und ob Lernerfolge eintreten.

2.3 Selbstständiges Lernen

In diesem Kapitel sollen der Begriff des „selbstständigen Lernens", die wesentlichen Vorzüge dieser Lernform und Erkennungsmerkmale näher betrachtet werden.

Die wissenschaftliche Auseinandersetzung mit selbstständigem Lernen gehört seit etlichen Jahren zum Forschungsgegenstand der Pädagogik und Psychologie. Seit den 1970er Jahren wird dieses Thema aus unterschiedlichen Blickwinkeln unter Verwendung verschiedener Ansätze, Definitionen und Begriffe beschrieben (vgl. Friedrich, Mandl 1990; S. 197ff.). Die unterschiedlichsten Begriffe wie Selbststeuerung, Selbstregulation, autodidaktisches oder autonomes Lernen stehen stellvertretend für vielfältige Schwerpunkte und Akzentuierungen selbstständiger Lernprozesse. So gibt es für selbstständiges Lernen keine unumstößliche Definition. Im Folgenden seien damit Lernprozesse gemeint, bei denen der oder die Lernende „die wesentlichen Entscheidungen darüber trifft, was, wann, wie und woraufhin er lernt und sie gravierend und folgenreich beeinflussen kann" (abgeändert nach Weinert 1982; S. 102). Andere o.g. Begriffe erscheinen zu stark, um sie im Rahmen dieser Arbeit zu verwenden. Beim selbstständigen Lernen handelt es sich meistens um Lernphasen, bei denen die Lernenden auf Anweisungen der Lehrkraft hin tätig werden und weniger um selbst initiierte Lernprozesse. Konzepte wie selbstorganisiertes, selbstgesteuertes, autodidaktisches oder autonomes Lernen meinen eher Lernformen, bei denen die Lernenden über Inhalt, Ziel, Ort und soziale Form des Lernens selbst entscheiden (vgl. Friedrich, Mandl 1990; S. 197ff.). Da man in der Schule aber curriculare, zeitliche und örtliche Bedingungen bzw. Vorgaben zu bedenken bzw. zu erfüllen hat, sind diese Formen des Lernens im schulischen Rahmen kaum durchführbar. Partizipationsmöglichkeiten sind in staatlichen Regelschulen also nur begrenzt möglich.

Vorzüge des selbstständigen Lernens scheinen bereits aufgrund erhöhter Schüleraktivität auf der Hand zu liegen. Tatsächlich betont die Kognitionspsychologie im Allgemeinen eine Überlegenheit des selbstständigen Lernens hinsichtlich der Lernleistung gegenüber anderen Lernformen. Der Aspekt der individuellen Aktivität ist hier von ganz besonderer Bedeutung (vgl. Simons 1992; S. 251f.). Beispielsweise definiert Shuell (1988; S. 277f.) selbstständiges Lernen als einen aktiven, konstruktiven[14], kumulativen[15] und zielorientierten Prozess. Die sorgfältige Integration neuer Informationen in bestehendes Wissen sowie die Bildung von Zielsetzungen und Erwartungen erfordern einen bewusst gesteuerten, kontrollierten und individuellen Prozess der Informationsverarbeitung (vgl. Strzebkowski 2001; S. 50). Individuelle und selbstständige Lernprozesse können dies eher leisten als der bekannte *„Nürnberger Trichter"*[16]. Die pädagogische Zielvorstellung selbstständigen Lernens in der Schule ist darüber hinaus, die Individuen auf ein lebenslanges Lernen vorzubereiten und Lernen auf außerschulische Situationen übertragbar zu machen. Der Erwerb einer

---

[14] Neue Informationen werden sorgfältig herausgearbeitet und zu vorhandenen Informationen in Beziehung gesetzt.

[15] Jedes neue Lernen baut auf vorhandenem Wissen auf und nutzt es. Durch das Vorwissen wird z.T. bestimmt, wie viel gelernt wird.

[16] Symbol für eine mechanistische Weise des Lernens, bei der ohne Aufwand und Anstrengung durch direkte Instruktion einer Lehrkraft gelernt wird (vgl. Röhrich 1994; S. 1103).

Lernkompetenz und die Fähigkeit, selbst Bildungsentscheidungen treffen und damit Verantwortung für das eigene Lernen übernehmen zu können, sind Ziele schulischer Bildung (vgl. ebd.). Ein frontaler und lehrerzentrierter Unterricht steht hier möglicherweise hinten an.

Will man nun selbstständiges Lernen im Unterricht erkennen, sind Kriterien von Vorteil, die als Erkennungsmerkmale verwendet werden können. Ein Lernprozess gilt als selbstständig, wenn möglichst viele der nachfolgenden Kriterien erfüllt sind (vgl. Neber 1978, S. 33; Severing 1996, S. 145; Strzebkowski 2001, S. 47): Die Lernenden...

- ...arbeiten weitgehend ohne direkte Instruktion der Lehrkraft.
- ...können aus mehreren differenzierenden Lernangeboten auswählen.
- ...arbeiten selbstbestimmt einzeln, zu zweit oder in Gruppen.
- ...reflektieren Lernergebnisse und den Lernprozess.
- ...nutzen zusätzliche Unterstützungsangebote.
- ...bestimmen ihr Arbeitstempo selbst und halten dabei Zeitvorgaben ein.
- ...haben Einfluss auf Inhalte, Methoden und Strategien des Lernprozesses.
- ...kontrollieren ihre Lernergebnisse selbst.
- ...dokumentieren ihre Arbeit schriftlich.
- ...klären Konflikte in der Gruppe selbst, ohne dass ein Eingreifen von außen nötig ist.
- ...wählen ihre Lernpartner/-innen selbst aus.
- ...arbeiten kooperativ mit anderen zusammen.

Zum Abschluss des theoretischen Teils soll dieser nun noch zusammengefasst werden. Diese Zusammenfassung soll ferner als Beobachtungsbogen dienen, um die eingangs formulierten Fragen beantworten zu können.

2.4 Zusammenfassung

Der Theorieteil wird in der folgenden Tabelle zusammengefasst, die auch als Beobachtungsbogen dient. Sie enthält die Standards zur Erkenntnisgewinnung (vgl. 2.1) und die Kriterien zum selbstständigen Lernen (vgl. 2.3).

Schülergruppe:					
Datum:					
Beobachtungspunkt	**Der Punkt ist**				**Woran erkennt man das?**
	sehr gut (1)	**gut (2)**	**kaum (3)**	**nicht (4)**	
	beobachtbar.				
Zur Erkenntnisgewinnung: Die Lernenden... 1. ...erkennen Fragestellungen, die durch chemische Kenntnisse und Untersuchungsmethoden zu beantworten sind.					
2. ...stellen Vermutungen und Hypothesen auf.					

3. ...planen geeignete Untersuchungen zur Überprüfung von Vermutungen und Hypothesen					
4. ...führen qualitative experimentelle und andere Untersuchungen durch und protokollieren diese.					
5. ...experimentieren unter Beachtung von Sicherheits- und Umweltaspekten.					
6. ...erheben bei Untersuchungen, insbesondere in chemischen Experimenten, relevante Daten oder recherchieren diese.					
7. ...finden in erhobenen oder recherchierten Daten Trends, Strukturen und Beziehungen und erklären diese.					
8. ...nutzen geeignete Modelle, um chemische Fragestellungen zu beantworten.					
Zum selbstständigen Lernen: Die Lernenden... 9. ...arbeiten weitgehend ohne direkte Instruktion der Lehrkraft.					
10. ... wählen aus mehreren differenzierenden Lernangeboten.					
11. ... bestimmen ihre Lernpartner und die Sozialform selbst.					
12. ... arbeiten kooperativ mit anderen zusammen.					
13. ... nutzen zusätzliche Unterstützungsangebote.					
14. ... finden Lösungen ohne die Hilfe der Lehrkraft.					
15. ... kontrollieren ihre Lösungen selbstständig.					
16. ... reflektieren ihren Lernprozess schriftlich.					
17. ... bestimmen ihr Arbeitstempo selbst und halten dabei Zeitvorgaben ein.					
18. ... klären Konflikte in der Gruppe selbstständig.					
19. ... dokumentieren ihre Arbeit.					

Tabelle 1: Zusammenfassung Kapitel 2 / Beobachtungsbogen

3. Planung der Unterrichtsreihe

3.1 Beschreibung der Lerngruppe und Unterrichtsvoraussetzungen

Die vorliegende Unterrichtsreihe habe ich in einer neunten Klasse des Coubertin-Gymnasiums in Berlin-Pankow durchgeführt. Ich unterrichte die Klasse 9b seit Oktober 2008 selbstständig in Mathematik (damals 7b bzw. 8b) und seit dem letzten Schuljahr auch in Chemie (damals 8b). Der Unterricht findet montags in der vierten bzw. fünften Stunde in Teilungsgruppen und donnerstags in der achten Stunde mit der ganzen Klasse statt. Zusätzlich habe ich in diesem Schuljahr das Amt des stellvertretenden Klassenleiters übernommen. Ich kenne die Gegebenheiten in der Klasse, die Sozialstruktur und kann die Schüler/-innen bereits sehr gut einschätzen. Es handelt sich bei den Schülern/-innen um Leistungssportler (Schwimmer). Die Sozialstruktur und Hierarchien werden im Wesentlichen über die sportlichen und schulischen Erfolge bestimmt. Der Zusammenhalt in der Klasse ist groß, da die Schüler/-innen seit der fünften bzw. siebten Klasse zusammen sind.

Es befinden sich 14 Schüler/-innen (sieben Jungen und sieben Mädchen) in dieser Klasse. Alle sind Gymnasialschüler, wobei das Leistungsspektrum jedoch breit ist und die Interessens-lagen gemischt sind. Es gibt einige sehr leistungsstarke Schüler/-innen. Diese sind an chemischen Themen interessiert und haben eine positive Einstellung gegenüber diesem Fach. Zu diesen Lernenden zählen: Stefan, Nicolas, Michael, Nico, Bastian, Emma, Nicole und Christin. Die anderen, hier vor allem Eve, Inge und Stefanie, fühlen sich im Unterricht manchmal überfordert und haben großen Respekt vor diesem Fach und insbesondere vor dem theoretischen Arbeiten mit Formeln und Gleichungen. Dennoch können alle Lernenden zur Mitarbeit ohne Probleme motiviert werden. Manchmal sind aber Arbeitsaufträge, die mit Anstrengung und vor allem Denken verbunden sind, nicht immer willkommen. Disziplin-schwierigkeiten resultieren daraus so gut wie nie. Insbesondere die Mädchen glänzen stets mit Arbeitseifer und Engagement, sodass die Jungs meist mitgezogen werden. Eine Schülerin (Christin) gilt als hochbegabt und hat deswegen zwei Klassen übersprungen. Das hat sich auf ihre schulischen Leistungen positiv ausgewirkt. Dennoch gibt es erhebliche biologische Entwicklungsunterschiede zum Rest der Lerngruppe. Sie ist dennoch gut in die Klasse integriert. Leistungsspitzen sind Christin, Nico, Kubilay, Anand und Carmen.

Die Lernatmosphäre ist stets positiv. Binnendifferenzierung ist insbesondere in Übungsphasen notwendig, um die starken Schüler/-innen nicht zu unterfordern. Methodisch ist die Lerngruppe an Einzel-, Partner- und Gruppenarbeit gewöhnt. *Lernen an Stationen* und das Gruppenpuzzle sind zwei gut eingeübte Methoden, die ich auch häufig im Unterricht einsetze. Ebenso an das Arbeiten mit gestuften Hilfen sind die Lernenden gewöhnt. Stationenlernen setzte ich bislang seltener zur Erarbeitung, sondern eher zum Üben und Vertiefen ein und bislang kürzer als in dieser (maximal über drei Stunden) Unterrichtseinheit. Aufgrund der relativ kleinen Lerngruppe und der beiden Teilungsstunden wird im Unterricht häufig experimentiert. Der praktische Chemieunterricht macht den Schülern/-innen Spaß. Die Lernenden sind im Experimentieren gut geübt. Die durch das häufige Experimentieren entwickelte Routine bewirkte zudem, dass auch die leistungsschwächeren Schüler/-innen mittlerweile Vertrauen in ihr Handeln und in die eigenständig produzierten Ergebnisse

haben. Manchmal kommt es zur Missachtung der Sicherheitsregeln. Auf deren Einhaltung ist weiterhin zu achten und bei Missachtung ggf. mit Konsequenzen zu versehen. Aufgrund der relativ geringen Größe der Lerngruppe und der vorhandenen Routine der Lerngruppe beim Experimentieren sehe ich aber auch angesichts eines Lernzirkels mit mehreren Experimenten die Sicherheit aller Anwesenden im Chemieraum nicht in Gefahr. Die Lernenden wurden vorher dafür sensibilisiert in Anbetracht der starken experimentellen Ausrichtung dieser Unterrichtsreihe, besonders an den Sicherheitsregeln orientiert, zu arbeiten.
Chemikalien und Materialien sind ausreichend vorhanden, um die Unterrichtsreihe erfolgreich durchführen zu können. Der Unterrichtsraum 1305 verfügt über Gas- und Wasseranschlüsse. Tische können zu Gruppentischen zusammengeschoben werden.
Ich selbst habe ein positives und aufgeschlossenes Verhältnis zu den Schülern/-innen. Ich werde als Lehrkraft akzeptiert und respektiert. Der Unterricht macht mir Spaß und ich gehe stets gerne in die Lerngruppe.

Inhaltlich müssen ebenfalls Dinge vorausgesetzt werden. Die Lerngruppe ist an das theoretische Arbeiten mit chemischen Formeln und Gleichungen gewöhnt. Systematisierung und Zurückführung auf Bekanntes sind zwei gut trainierte Arbeitstechniken, die die Lernenden auch innerhalb dieser Unterrichtsreihe nutzen müssen. Die Schüler/-innen kennen das Teilchenmodell und können Stoffe anhand deren Bindungsart und Stoffklassenzugehörigkeit klassifizieren. Die Themengebiete „Säuren" und „Basen" sind bereits unterrichtet und vor Beginn des Lernzirkels aufgefrischt worden. Außerdem verfügen die Schüler/-innen über ein Grundwissen über Salze, das die Definition, die Eigenschaften, das Wissen über spezielle Salze wie Natriumchlorid, Calciumcarbonat oder Natriumcarbonat, das Aufstellen von Formeln, die chemische Struktur der Salze und die Kalkkreisläufe umfasst. Im Rahmen der Behandlung der Kalkkreisläufe wurde auch der Nachweis für Kohlenstoffdioxid mit Kalkwasser[17] behandelt, der für die Bearbeitung der Station 5 (vgl. A2) eine wesentliche Rolle spielt. Die vorliegende Unterrichtsreihe stellt den Abschluss des Stoffgebietes „Salze" dar.

3.2 Ziele und Inhalte

Im Sinne des Berliner Rahmenlehrplans für das Fach Chemie ist das Thema „Salzbildungsarten" verpflichtender Bestandteil des Chemieunterrichts in der Doppeljahrgangsstufe 9/10 (vgl. Rahmenlehrplan Sekundarstufe 1 2006; S. 33). Im Pflichtmodul 2 finden sich zwei wesentliche Kompetenzbezüge: „Die Schülerinnen und Schüler beschreiben die Darstellung von Salzen und erstellen für die Darstellung von Salzen Reaktionsschemata auch unter Verwendung der Ionenschreibweise." (ebd.). Beide Kompetenzen sollen die Lernenden im Verlauf der Reihe erwerben. Der Kompetenzschwerpunkt soll, wie bereits geschildert, auf der Erkenntnisgewinnung liegen. Inwiefern dies letztendlich zutrifft, wird im Kapitel 4 abschließend geklärt. Die Standards, die der Rahmenlehrplan zum Bereich Erkenntnisgewinnung ausführt, wurden in Kapitel 2.1 bereits genannt. Innerhalb der Reihe können sechs verschiedene Arten der Salzbildung erlernt werden. Diese sind:

---

[17] Eine wässrige Lösung von Calciumhydroxid bezeichnet man als Kalkwasser. Eine Besprechung der fachlichen Voraussetzungen erfolgt in Kapitel 3.5.

- die Synthese aus den Elementen;
- die Neutralisation;
- die Reaktion eines Metalloxids mit einer Säure;
- die Reaktion eines Metalls mit einer Säure;
- die Reaktion eines Nichtmetalloxids mit einer Base;
- das Umsalzen.

Beschreibungen der einzelnen Reaktionen werden in 3.5 gegeben. Der folgende Abschnitt gibt zunächst einen Überblick über die Unterrichtsreihe.

3.3 Beschreibung der Unterrichtsreihe

Die Struktur der Unterrichtsreihe mit der Überschrift „Salze auf zig Arten“ wird durch die Stationsarbeit wesentlich bestimmt. Die Lernenden sollen sich in einem Lernzirkel das Thema „Salzbildungsarten“ selbstständig innerhalb von sechs Unterrichtsstunden erarbeiten. Bevor die Lernenden in die Stationsarbeit gehen, gibt die Lehrkraft einen Überblick über die bevorstehenden sechs Stunden und motiviert die Lernenden für das Thema. Das dauert ungefähr 10 Minuten und ist Bestandteil der ersten Stunde. Fünf Stunden sind für den Lernzirkel vorgesehen. Die verbleibende sechste Stunde dient der Auswertung und Sicherung des Lernzirkels (vgl. Tabelle 2). Es gibt fünf Pflichtstationen und zwei Wahlstationen. Jede Station steht für eine Art der Salzbildung. Pro Pflichtstation haben die Lernenden maximal 45 Minuten Zeit zur Bearbeitung. Schnellere Schüler/-innen können die Wahlstationen bearbeiten, deren Arbeitsaufträge nicht ganz so umfangreich sind. Nach jeder Stunde muss die Pflichtstation dann gewechselt werden. Eine Schülergruppe, die in der ersten Stunde an Station 1 gearbeitet hat, bearbeitet in der zweiten Stunde Station 2. Gemäß diesem Prinzip können in den fünf Stunden alle Pflichtstationen von allen Schülern/-innen bearbeitet werden. Tabelle 2 gibt eine Übersicht über die Struktur der Reihe.

<table>
<tr><th>Stunde</th><th>Datum</th><th colspan="2">Unterrichtsinhalte innerhalb der Reihe „Salze auf zig Arten“</th></tr>
<tr><td>1</td><td>10.02.2011</td><td colspan="2">Vorstellung und Motivation von Thema und Methode (10 Minunten)</td></tr>
<tr><td>1</td><td>10.02.2011</td><td colspan="2" rowspan="5">Lernzirkel zum Thema Salzbildungsarten. Folgende Arten der Salzbildung werden behandelt:
<u>Pflicht</u>: Station 1: Metall + Nichtmetall
Station 2: Säure + Base
Station 3: Metall + Säure
Station 4: Metalloxid + Säure
Station 5: Nichtmetalloxid + Base

<u>Wahl</u>: Station 6: Umsalzen 1
Station 7: Umsalzen 2</td></tr>
<tr><td>2</td><td>14.02.2011</td></tr>
<tr><td>3</td><td>14.02.2011</td></tr>
<tr><td>4</td><td>17.02.2011</td></tr>
<tr><td>5</td><td>21.02.2011</td></tr>
<tr><td>6</td><td>24.02.2011</td><td colspan="2">Auswertung und Sicherung</td></tr>
</table>

Tabelle 2: Struktur der Unterrichtsreihe: „Salze auf zig Arten“

An den Stationen befinden sich jeweils Arbeitsblätter (zwei Beispiele finden sich im Anhang, vgl. A1 und A2), die die Lernenden zu bearbeiten haben. Sollten Schwierigkeiten beim

Bearbeiten der Arbeitsaufträge auftreten, können die Schüler/-innen gestufte Lernhilfen verwenden, um die Arbeitsaufträge zu bearbeiten (vgl. A3). Jede Station hat einen experimentellen Anteil. Die Versuche sind durch Bilder zum Teil vorgegeben. Die Lernenden müssen vorher planen, wie sie die Versuche durchführen können. Auch hierfür gibt es Hilfen, falls Schwierigkeiten auftreten. Die Materialien an den Stationen sind alle ähnlich aufgebaut. Machart und Umfang der Aufgaben sind gleich und lediglich auf die jeweilige Salzbildungsart zugeschnitten. Parallel zum Lernzirkel wird von jedem Schüler und jeder Schülerin ein Portfolio angefertigt, das in jeder Stunde zu ergänzen ist. Hier finden sowohl Fachinhalte als auch reflektierende Gedanken Platz (Beispiele für Schülerreflexionen finden sich in 4.4 oder A7). Das ist also zunächst mal tatsächlich bloß eine Loseblattsammlung, die aber durchaus und ausdrücklich durch kreative Ideen und reflektierende Gedanken lernprozessorientiert, interessant und ansprechend gestaltet werden soll. Der Übersicht halber erhalten die Schüler/-innen einen Laufzettel, um bereits bearbeitete Stationen abzuhaken, wichtige Inhalte zusammenzufassen und kurz zu reflektieren (vgl. A4). Dieser wird dann ebenfalls Bestandteil des Portfolios. Ein ausgefülltes Exemplar befindet sich ebenfalls im Anhang (vgl. A10). Das Portfolio wird einige Tage nach Abschluss der Reihe von mir eingesammelt, kommentiert, ausgewertet und bewertet. Die Sozialform, in der sie arbeiten, dürfen die Schüler/-innen selbst bestimmen. Einzel-, Partner- und auch Gruppenarbeit sind zugelassen. Lernpartner/-innen dürfen ebenfalls selbst gewählt werden. Dies gilt nur solange, bis Disziplinschwierigkeiten auftreten. Sollte dies der Fall sein, werden bestimmte Schüler/-innen auch getrennt.

In der verbleibenden sechsten Stunde soll das Gelernte gesichert und zusammengefasst werden. Ausgewählte Lernende präsentieren kurz die einzelnen Stationen mit ihren Beobachtungen und Auswertungen. Diese Aufgabe haben sie bereits vorher erhalten, weil die Portfolios zu diesem Zeitpunkt (am 24.02.2011) bereits eingesammelt waren. Sonst hätten ja in dieser Stunde wesentliche Dinge im Portfolio ergänzt werden können. Nach diesen Präsentationen erhalten die Lernenden eine offene Aufgabe[18] zum Transfer (vgl. A9), die sie nunmehr einzeln bearbeiten sollen.

3.4 Synopse der Unterrichtsreihe am Beispiel einer fiktiven Gruppe

Die folgende Tabelle 3 stellt die Synopse der Unterrichtsreihe dar. Da die Schüler/-innen die Stationen in unterschiedlicher Reihenfolge durchlaufen, beziehe ich mich hier auf eine fiktive Schülergruppe (die Sozialform ist also Gruppenarbeit), die den Lernzirkel beginnend mit Station 1 durchläuft. Auf Wahlstationen wird nicht eingegangen. Die Standards zur Erkenntnisgewinnung werden hier weggelassen, da sie Bestandteil der Schülerbeobachtung sind. Darauf wird später eingegangen. Es wird lediglich ein fachlicher Kompetenzbezug bzw. der Kompetenzbereich, falls vom Schwerpunkt abweichend, genannt.

[18] Bei offenen Aufgaben erreichen die Lernenden eine nicht-eindeutig vorhersagbare Lösung über mehrere mögliche Lösungswege (vgl. Bücher, Leuders 2009; S. 90). Sie kommen also über mehrere Wege zu mehreren möglichen Zielen. Bei geschlossenen Aufgaben hingegen gelangen die Schüler/-innen über einen Weg zu einem definierten Ziel.

Stunde *Datum*	Thema *Phase (Didaktische Funktion)*	Kompetenzbezug	Didaktischer Kommentar	Sozialform *Methode*	Medien
1 *10.2.11*	Kurze Einführung *Informierender Einstieg (Transparenz)*	/	Motivation schaffen, Interessen erfragen. L schafft Transparenz, indem er die Absicht der Einheit erläutert. Er geht kurz auf die Methode ein u. erläutert Ziele. SuS hören zu, wählen ihre Lernpartner. Es werden Regeln für den Lernzirkel vereinbart. Materialien werden ausgegeben.	LV	Folie
	Station 1: Salzbildung anhand der Reaktion von Metall und Nichtmetall *Erarbeitung auch in den Stunden 2-5*	Erkenntnisgewinnung. Salzbildungsarten: SuS beschreiben die Darstellung von Salzen und erstellen für die Darstellung von Salzen Reaktionsschemata auch unter Verwendung der Ionenschreibweise (vgl. Rahmenlehrplan Chemie Sek. 1 2006; S. 33).	SuS experimentieren. Sie arbeiten an Stationen und bearbeiten experimentbezogen Arbeitsaufträge. L beobachtet und gibt Hilfestellung. Er koordiniert die Stationsarbeit und achtet auf die Einhaltung der Regeln. SuS ergänzen in jeder Stunde ihr Portfolio.	GA *Lernzirkel*	SE / AB / Laptop
2 *14.2.11*	Station 2: Salzbildung anhand der Reaktion von Säure und Base			GA *Lernzirkel*	SE / AB
3 *14.2.11*	Station 3: Salzbildung anhand der Reaktion von Metall und Säure			GA *Lernzirkel*	SE / AB
4 *17.2.11*	Station 4: Salzbildung anhand der Reaktion von Metalloxid und Säure			GA *Lernzirkel*	SE / AB
5 *21.2.11*	Station 5: Salzbildung anhand der Reaktion von Nichtmetalloxid und Base			GA *Lernzirkel*	SE / AB
6 *21.2.11*	Auswertung des Lernzirkels *Sicherung (und Transfer)*	Kommunikation: SuS präsentieren den Verlauf und die Ergebnisse ihrer Arbeit (vgl. Rahmenlehrplan Chemie Sek. 1 2006; S. 19).	L lässt die Inhalte der Stationen in Kurzpräsentationen zusammenfassen. L gibt abschließend einen Überblick über die kennengelernten Möglichkeiten der Salzdarstellung. L stellt Aufgabe zum Transfer.	SV / UG PA	AB / Folie

Legende: SuS...Schüler/-innen, L...Lehrer, PA...Partnerarbeit, GA...Gruppenarbeit, SE...Schülerexperiment, AB...Arbeitsblatt, LV...Lehrervortrag, SV...Schülervortrag, UG...Unterrichtsspräch

Tabelle 3: Synopse der Unterrichtsreihe

3.5 Sachanalyse

Im Folgenden ist eine Säure ein Stoff, der in wässriger Lösung H_3O^+- und Säurerestionen bildet. Eine Base ist als Gegenstück zur Säure ein Stoff, der in wässriger Lösung OH^-- und Metallionen bildet. Der Fall des Ammoniumions (NH_4^+) ist als Ausnahme zu betrachten, der im Folgenden keine weitere Rolle spielt und daher nicht berücksichtigt wird.

Das Thema „Salze" ist unseren Schülern und Schülerinnen in der Regel näher als sie denken. Mit dem Begriff „Salz" bringen die Schüler/-innen zunächst das unter dem Namen Kochsalz bekannte Natriumchlorid in Zusammenhang. Dieser Salz-Begriff wird im Chemieunterricht der neunten Klasse erweitert: Unter einem Salz versteht der Chemiker im Allgemeinen eine chemische Verbindung, die aus positiv geladenen Kationen und negativ geladenen Anionen besteht (vgl. Büttner, Mascherrek 2008; S. 39). Durch die starke Anziehungskraft positiv und negativ geladener Ionen entsteht die feste Struktur der Salze. Das nennt man auch Ionenbindung. Legt man diese Definition zugrunde, so kommen Jugendliche in ihrem täglichen Leben viel öfter mit Salzen in Berührung als ihnen bewusst ist. Bekannte Salze sind z.B. das Natron (Natriumhydrogencarbonat) im Backpulver oder als Wirkstoff für Antacida[19], der (unerwünschte) Kalk (Calciumcarbonat) in der Waschmaschine, Gips (Calciumsulfat) als Baumaterial oder das Natriumfluorid in der Zahnpasta.

Um den Salz-Begriff für die Lernenden erfahrbarer zu machen und damit sie ihn in den unterrichtslogischen Ablauf der Themen „Säuren – Basen – Salze" besser einordnen können, wurde folgende Definition eines Salzes im vorangegangenen Unterricht vermittelt: Salze sind chemische Verbindungen, die aus einem positiv geladenen Metallion und einem negativ geladenen Säurerestion bestehen. Sicher trifft dieser Salz-Begriff nicht auf alle Salze – insbesondere nicht auf organische Salze – zu. Für die anorganische Chemie in der Mittelstufe ist er aber, abgesehen von den Ammoniumsalzen, völlig ausreichend. Daraus ergibt sich jetzt auch eine begrenzte Zahl an Möglichkeiten der Salzbildung. Eine Salzbildungsreaktion oder auch Salzbildungsart ist eine chemische Reaktion, bei der mindestens ein Reaktionsprodukt ein Salz ist. Um also ein bestimmtes Salz herzustellen, muss man Reaktionspartner suchen, die die zwei Bestandteile eines Salzes liefern. Diese sind in der Regel Säuren, Basen, Metalle, Metalloxide, Nichtmetalloxide und Salze selbst. In der vorliegenden Unterrichtsreihe wurden sechs Salzbildungsreaktionen vermittelt, auf die im Folgenden eingegangen wird (vgl. dazu ebd.; S. 39f.). Diese sechs Reaktionen sind:

- die Synthese aus den Elementen (R1);
- die Neutralisation (R2);
- die Reaktion eines Metalloxids mit einer Säure (R3);
- die Reaktion eines Metalls mit einer Säure (R4);
- die Reaktion eines Nichtmetalloxids mit einer Base (R5);
- das Umsalzen (R6). [20]

Zu R1: Ein binäres Salz (bestehend aus einem Metall- und einem Nichtmetallion) kann durch eine direkte Reaktion der beiden Elemente hergestellt werden. Chemisch gesehen findet

[19] Antacida sind Pharmaka zur Neutralisation (vgl. R2) überschüssiger Magensalzsäure (vgl. Pschyrembel; S. 90).

[20] Die folg. Beschreibung von R1 bis R6 basiert auf den Ausführungen bei Büttner und Mascherrek (2008; S. 39).

hierbei eine Redoxreaktion mit einem Elektronenübergang statt. Ein Beispiel hierfür ist die Reaktion von Natrium mit Chlor: 2 Na + Cl_2 → 2 NaCl. Das allgemeine Reaktionsschema für diese Art der Salzbildung lautet: Metall + Nichtmetall → Salz.

Zu R2: Gibt man Säure und Base zusammen, so bilden sich aus den Hydroniumionen der Säure und den Hydroxidionen der Base zwei Wassermoleküle: H_3O^+ + OH^- → 2 H_2O. Man spricht von einer chemischen Reaktion mit Protonenübergang. Somit heben sich bei einer Neutralisation die ursprünglichen Wirkungen von Säure und Base auf und es entsteht eine neutrale Lösung. Als Maß dafür wird der sog. pH-Wert verwendet. Der pH-Wert gibt an, wie sauer oder basisch eine Lösung ist. Die Skala reicht von pH=1 (stark sauer) bis pH=14 (stark basisch). Auf eine mathematische Beschreibung des pH-Wertes wird an dieser Stelle aber verzichtet. Gibt man z.B. gleiche Volumina an Salzsäure und Natronlauge gleicher Konzentration zusammen, entsteht eine neutrale Lösung mit dem pH-Wert sieben. Die übrig gebliebenen Base- bzw. Säurerestionen reagieren dann zu einem Salz. Im eben genannten Beispiel wäre dieses Salz Natriumchlorid: Na^+ + Cl^- → NaCl. Würde man die eben beschriebene Lösung eindampfen, wäre ein weißer Rückstand – aus eben diesem Salz bestehend – beobachtbar. Dass es sich dabei tatsächlich um die Kristallstruktur von Natriumchlorid handelt, kann man schließlich unter dem Mikroskop oder durch eine Analyse der Kristallstruktur verifizieren. Die Neutralisation ist eine exotherme Reaktion. Es wird dabei Wärmeenergie in Form von Neutralisationswärme abgegeben. Das allgemeine Reaktionsschema für diese Art der Salzbildung lautet: Säure + Base → Salz + Wasser.

Zu R3: Reagiert ein Metalloxid mit einer Säure, findet eine Umlagerung einzelner Atomsorten statt. Dabei entsteht aus dem Sauerstoff des Oxids und dem Wasserstoff der Säure mindestens ein Wassermolekül. Bringt man beispielsweise Natrium(I)-oxid mit Salzsäure zur Reaktion, so bildet sich auch hier Natriumchlorid und zusätzlich Wasser: Na_2O + 2HCl → 2 NaCl + H_2O. Das allgemeine Reaktionsschema für diese Art der Salzbildung lautet: Säure + Metalloxid → Salz + Wasser.

Zu R4: Ein unedles Metall reagiert mit Säuren unter Freisetzung von Wasserstoff zu einem Salz. Ist das Metall zu edel (z.B. Platin oder Gold), kann es nur abhängig von bestimmten Faktoren wie Säure, deren Konzentration und Stärke, Energiezufuhr und anderen Faktoren zur Reaktion kommen. Beispielsweise reagiert Gold nicht einfach mit Salzsäure. Will man Gold – das Metall der Könige – lösen, bedient man sich dem sog. Königwasser, einer Lösung aus Salz- und Salpetersäure. Bei stark unedlen Metallen funktioniert die Reaktion auch mit verdünnten und schwachen Säuren. Zum Beispiel reagiert Magnesium mit Salzsäure zu Magnesiumchlorid: Mg + 2 HCl → $MgCl_2$ + H_2. Das allgemeine Reaktionsschema für diese Art der Salzbildung lautet: Säure + (unedles) Metall → Salz + Wasserstoff.

Zu R5: Analog zu R3 verbinden sich Nichtmetalloxide mit Basen zu Salzen. Pustet man z.B. in eine frische Calciumhydroxid-Lösung, fällt dabei weißes Calciumcarbonat, das man auch als Kalk kennt, aus. Die Base reagiert mit dem Kohlenstoffdioxid der Ausatemluft: CO_2 + $Ca(OH)_2$ → $CaCO_3$ + H_2O. Mit dieser speziellen Reaktion kann darüber hinaus Kohlenstoffdioxid qualitativ nachgewiesen werden. Das allgemeine Reaktionsschema für diese Art der Salzbildung lautet: Base + Nichtmetalloxid → Salz + Wasser.

Zu R6: Durch sog. Umsalzungen lassen sich ebenfalls neue Salze gewinnen. Dabei reagieren zwei bereits vorhandene Salze miteinander zu zwei anderen Salzen. Man nutzt hierbei aus, dass sich Salze in Wasser unterschiedlich gut lösen. Bei der Reaktion von zwei in Wasser gut löslichen Salzen, z.B. Kaliumbromid und Silbernitrat, entstehen wieder zwei Salze, von denen aber nur noch eines gut in Wasser löslich ist. Reagieren also die beiden eben genannten Stoffe miteinander, entstehen Kaliumnitrat und Silberbromid. Letzteres ist als Silberhalogenid in Wasser schwerlöslich. Die Reaktion kann mit der Gleichung $KBr + AgNO_3 \rightarrow AgBr + KNO_3$ beschrieben werden. Diesen Vorgang nutzte man jahrzehntelang in der Schwarz-Weiß-Fotographie aus. Das allgemeine Reaktionsschema für diese Art der Salzbildung lautet: Salz 1 (aq) +Salz 2 (aq) → Salz 3 (aq) + Salz 4 (s)[21].

3.6 Begründung der Lehr-Lern-Struktur

Die Lehr-Lern-Struktur in dieser Unterrichtsreihe wird durch den Lernzirkel wesentlich bestimmt. Auf die Begründung der Methode *Lernen an Stationen* wird jetzt bewusst verzichtet. Es sei auf den Theorieteil (vgl. 2.2) verwiesen. Außerdem wird man erst in den folgenden Kapiteln sehen, inwiefern die Wahl der verwendeten Methode Früchte trägt. Aus ähnlichem Grund kann die Förderung des selbstständigen Lernens in diesem Kapitel nicht als Begründung dienen, da dies erst in späteren Teilen dieser Arbeit eruiert werden soll.

Innerhalb der ersten Stunde der Unterrichtsreihe soll lehrerzentriert ein kurzer informierender Einstieg in das Thema erfolgen. Dieser dient im Wesentlichen dazu, der Lerngruppe das Thema und das Vorgehen transparent zu machen und für das Thema zu motivieren. Anhand einer Folie wird für das Thema motiviert und es vorgestellt. Es stellt global betrachtet den Abschluss des übergeordneten Themas „Salze" dar. Die Überschrift „Salze auf zig Arten" soll in den Lernenden eine Art Widerspruch hervorrufen, da sie z.B. von den Säuren und Basen her wissen, dass es jeweils nur eine oder maximal zwei Möglichkeiten gab, dieselben darzustellen. Weiterhin wird kurz die Methode vorgestellt. Das geschieht aber wirklich nur in Kürze, da die Lerngruppe bereits mit der Methode vertraut ist. In dieser Phase werden ferner Materialien ausgegeben und Regeln für die Lernzirkelarbeit vereinbart. Aufgrund des hohen experimentellen Anteils ist allen klar zu machen, dass auf die Einhaltung der Sicherheitsregeln zu achten ist und es wichtig ist, dass jede Gruppe die Station so hinterlässt, wie sie sie vorgefunden hat. Dies sichert die Effektivität und Sicherheit der Arbeit.

Die Erarbeitungsphase, d.h. die Arbeit an den Stationen, setzt aufgrund des kurzen Einstiegs noch in dieser ersten Stunde ein. Zur Förderung des autonomen Denkens und Handelns dürfen die Lernenden über die Sozialform und ihre Lernpartner/-innen für die Lernzirkelarbeit selbst bestimmen. Durch den Einsatz gestufter Lernhilfen und das Angebot von Wahlstationen soll ein hoher Grad an Binnendifferenzierung innerhalb des Lernzirkels erreicht werden. Außerdem kann an Station 1 ein Video zur Synthese von Natriumchlorid angesehen werden, wodurch Lernen mit verschiedenen Eingangskanälen möglich wird. Der Lernzirkel selbst ist so angelegt, dass die Lernenden an jeder Station experimentieren, ein

[21] Die Abkürzung „aq" symbolisiert, dass das Salz hydratisiert vorliegt. „s" hingegen steht für einen Feststoff.

Arbeitsblatt zur Orientierung und Transparenz der Arbeitsaufträge benutzen sollen, Hilfen in Anspruch nehmen können, wenn sie nicht weiter wissen, und das Gelernte in jeder Stunde in ihr Portfolio eintragen und auch schriftlich reflektieren. Das Portfolio soll wie der Hefter parallel zum Unterricht geführt und täglich ergänzt werden. Die Inhalte des Portfolios wurden den Lernenden als Orientierungsrahmen (mit Möglichkeit der Erweiterung und kreativen Anreicherung) an die Hand gegeben:

1. Titelseite
2. Laufzettel
3. Die Anweisungen zur Durchführung jeder Station
4. Die Beobachtungen jeder Station
5. Die Antworten zu den Fragen zur Auswertung jeder Station
6. Platz für Fragen bzw. unklare Dinge
7. Zusammenfassung: Reflexion von Methode und Inhalt.

Die Schüler/-innen schreiben also hier hinein, welche Dinge sie inhaltlich in jeder Stunde gelernt haben, stellen Fragen, wenn Dinge unklar geblieben sind, und reflektieren ob sie die Inhalte verstanden haben bzw. die Methode. Nach Winter (2007; S. 34) sind „Portfolios Sammlungen von Dokumenten, die unter Beteiligung der Schülerinnen und Schüler zustande kommen und etwas über ihre Lernergebnisse und Lernprozesse aussagen". Winter beschreibt in seinem Buch weiterhin Eckpunkte, die wichtig sind für die Portfolioarbeit im Unterricht (vgl. ebd.). An diese habe ich mich im Wesentlichen bei der praktischen Umsetzung gehalten. Die Portfolioarbeit soll an dieser Stelle, mit den, von Danielson und Abrutyn in deren Grundlagentext zum Thema „Portfolios" (vgl. Danielson und Abrutyn 1997) genannten, Vorteilen für Portfolios, begründet werden: „Portfolios...

- motivieren Schülerinnen und Schüler dazu, sich Lernstoff anzueignen.
- helfen ihnen über ihren eigenen Lernprozess nachzudenken und diesen selbst zu evaluieren.
- dokumentieren auch Lernprozesse in Bereichen, die üblicherweise bei der Leistungsmessung und –beurteilung zu kurz kommen.
- erleichtern die Kommunikation mit den Eltern." (aus: Egle 2010).

Es dient der Lehrkraft folglich als Instrument zur Diagnose der Leistungen und Schwierigkeiten der Lerngruppe und auch einzelner Schüler/-innen. Daher werde ich das Portfolio einsammeln, lesen, kommentieren und anhand transparenter Bewertungsmaßstäbe bewerten, damit die Lernenden eine Rückmeldung bekommen und für ihre fleißige und kreative Arbeit auch eine Belohnung finden. Hieraus ergibt sich für die Lernenden ferner die extrinsische Motivation, das Portfolio zu führen. Sie bekommen außerdem eine Rückmeldung, die z.B. später für ihre Vorbereitung einer Lernerfolgskontrolle über das Thema „Salze" wichtig sein könnte. Gleichzeitig werden Lerninhalte korrigiert und die inhaltliche Richtigkeit derselben gesichert. Die Portfolios werden anschließend in Einzelgesprächen ausgewertet, damit die Lernprozesse individuell besprochen werden können.

Der Einsatz der gestuften Lernhilfen als Unterstützungsangebot zum Bearbeiten der Aufgaben an den Stationen dient im Wesentlichen der Individualisierung des Lernens. Dem Gebrauch anspruchsvoller Aufgaben, so wie sie z.B. die Erarbeitung von Reaktionsschemata unter Verwendung der Ionenschreibweise darstellt, steht auch im Fall dieser Lerngruppe Heterogenität entgegen. Die Verwendung von Aufgaben, die durch gestufte Hilfen unterstützt werden, erhält die Komplexität von Aufgaben, ohne Anforderungen an dieselben zu mindern, und ermöglicht individuelles Lerntempo und individuelle Lernwege für jeden Schüler und jede Schülerin (vgl. Stäudel 2008; S. 2f.). Zudem fördern sie Kooperation zwischen den Lernenden und unterstützen sachbezogene Kommunikation (vgl. ebd.).

Auf die Begründung der Methode *Lernen an Stationen* wird an dieser Stelle wie oben angesprochen bewusst verzichtet. Der Einsatz der Schülerexperimente soll aber kurz begründet werden. Zum einen soll mit der vorliegenden Unterrichtsreihe die Kompetenz Erkenntnisgewinnung gefördert werden. Da liegt der Einsatz von Schülerexperimenten nahe. Zum anderen wirkt sich der Einsatz von Schülerexperimenten positiv auf den Unterricht aus (vgl. Becker, Glöckner, Jüngel, Hoffmann 1992; S. 373f.):

- Das Experiment führt zu einem vertieften Verständnis von Inhalten.
- Die Schüler/-innen lernen naturwissenschaftliche Arbeitsweisen kennen.
- Der handelnde Umgang mit Chemie führt zu einer Motivationssteigerung.
- Dies führt zu besseren Leistungen und einer positiveren Einstellung der Lernenden.
- Gleichzeitig lernen die Schüler/-innen einen kooperativen Umgang mit anderen und werden zu exaktem und sauberem Arbeiten erzogen.

Die letzte Stunde dient der Sicherung und Anwendung des Gelernten. Die Schüler/-innen sollen die verschiedenen Stationen abwechselnd präsentieren und insbesondere auf die Beobachtungen und Fragen zur Auswertung eingehen. Nach jeder Präsentation wird innerhalb eines Unterrichtsgespräches die Möglichkeit gegeben, die Präsentierenden zu befragen und abschließend nicht geklärte Fragen beantworten zu lassen. Ziel dieser Stunde ist es, die Reaktionsschemata z.B. in Form einer Abbildung (vgl. Abbildung 1) zu systematisieren.

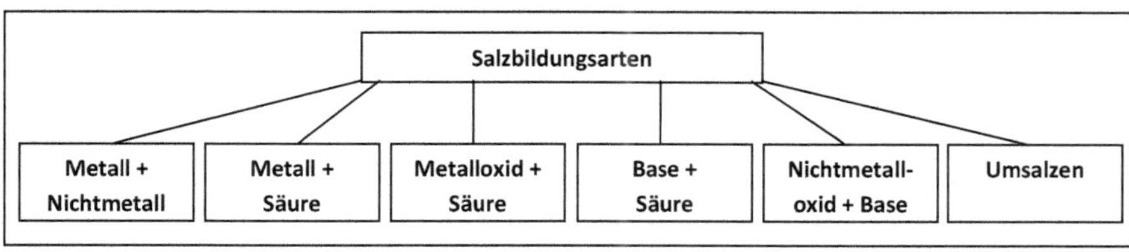

Abbildung 1: Antizipiertes Schema zu den Salzbildungsarten

Die Anwendung des Gelernten erfolgt durch eine offene Aufgabenstellung. Die Aufgabe „Beschreibe mit Wort- und Reaktionsgleichungen vier verschiedene Möglichkeiten, das Salz Calciumchlorid darzustellen.“, ermöglicht einen Blick von oben auf das Thema „Salzbildungsarten“. Die Lernenden müssen überlegen, welche Reaktionen überhaupt möglich sind, welche Stoffe sie für diese Reaktionen benötigen und wie sie diese Reaktionen unter Verwendung chemischer Formeln und Gleichungen zu Papier bringen. Die Aufgabe ist darüber hinaus durch verschiedene Lösungsmöglichkeiten und Wege zur Lösung binnendifferenzierend. Sie soll einzeln bearbeitet werden, da sie auch auf die anstehende Lernerfolgskontrolle zur gesamten Einheit „Salze“ vorbereiten soll.

3.7 Vorgehen bei der Schülerbeobachtung

Zur Schülerbeobachtung wird die bereits in 2.4 vorgestellte Tabelle 1 benutzt. Um den Beobachtungsaufwand pro Stunde nicht zu groß werden zu lassen, damit ich auch ggf. Hilfestellung leisten und auf die Einhaltung der Sicherheitsregeln achten kann, werde ich in einer Stunde nur bestimmte Beobachtungspunkte erfassen. In 2.4 wurden insgesamt 19 Beobachtungspunkte festgelegt. Mir stehen fünf Stunden zur Beobachtung zur Verfügung. So werde ich also in einer Stunde maximal vier Beobachtungspunkte zur Erfassung auswählen und jede Arbeitsgruppe dahingehend beobachten. Darüber hinaus erscheint es sinnvoll, bestimmte Dinge nur in bestimmenden Phasen des Unterrichts zu beobachten. So werden z.B. Lernpartner/-innen und Sozialform nur am Anfang des Lernzirkels gewählt. Daher macht es auch Sinn, diesen Beobachtungspunkt zu diesem Zeitpunkt zur Beobachtung auszuwählen. Die Ergebnisse werden dann zusammengefasst in Kapitel 4.2 besprochen.

4. Darstellung, Analyse und Auswertung der Ergebnisse

In diesem Kapitel werden die gesammelten Ergebnisse aus der durchgeführten Unterrichtsreihe präsentiert, analysiert und gewertet. Dies geschieht auf der Grundlage sowohl der Ergebnisse der Schülerbeobachtung als auch der Portfolios der einzelnen Schüler/-innen. Hier könnten zur Beantwortung der drei Leitfragen besonders die Schülerreflexionen und fachliche Inhalte der Portfolios (hier besonders Fehler) interessant sein. Begonnen wird mit einer kurzen Darstellung meines Gesamteindruckes von dieser Unterrichtsreihe.

4.1 Kurzer Gesamteindruck

Ich habe diese Unterrichtsreihe mit einem überwiegend positiven Gesamteindruck beendet. Es sind viele kreative und ansprechende Portfolios entstanden. Überdies konnten die Schüler/-innen unter Verwendung der Hilfen alle Pflicht-Arbeitsaufträge in der vorgegebenen Zeit und größtenteils richtig erledigen. Die Salzbildungsarten konnten nach dem Durchlaufen des Lernzirkels in der 6. Stunde aber nicht vollständig von den Schülern/-innen benannt werden. Hier stellte sich mir bereits die Frage nach der Effektivität und Nachhaltigkeit des Lernens. Andererseits sind wir auch im frontalen Unterricht vor solchen Ergebnissen nicht gefeit. Ferner sind einige Probleme aufgetaucht, die für mich in der Planung vorher nicht ersichtlich waren. Sie werden hier nur benannt und es wird später darauf eingegangen:

- Es sind nach Durchsicht der Portfolios recht viele Fehler beim Aufstellen chemischer Formeln aufgetreten.
- Nur wenige Gruppen haben aufgrund der vielen umfangreichen Pflichtarbeitsaufträge die Wahlstationen bearbeiten können.
- Nur einige Lernende haben die Möglichkeit zur Reflexion tatsächlich genutzt. So ist bei den übrigen Lernenden das Portfolio tatsächlich lediglich eine Sammlung von Blättern.
- Manche Schüler/-innen haben ihre Portfolios bloß in Stichpunkten verfasst. Ganze Sätze waren erwartet.
- Angesichts ausgedehnter experimenteller Phasen und der Vielzahl an verschiedenen Versuchen fiel eine an den Sicherheitsregeln orientierte Beobachtung aller zeitweise schwer.

So ist für mich jetzt bereits klar, dass beim nächsten Einsatz dieses Materials einige Dinge im Vorhinein angesprochen und weitere Planungsaspekte bedacht werden müssen.

4.2 Darstellung, Analyse und Auswertung der Schülerbeobachtung

Dieses Kapitel beginnt mit einer kurzen Betrachtung der Gesamtübersicht über die Beobachtungen im Lernzirkel (vgl. Anhang 6). Danach geht es um einzelne Gruppen und Beobachtungspunkte. Anhang 6 (A6) zeigt diese Übersicht, die aus den gebildeten arithmetischen Mitteln (Durchschnitten) der Beobachtungswerte 1 bis 4 aller Gruppen entstanden ist. Es wurde ggf. gerundet. Wie in A6 bereits zu sehen ist, sind die Ergebnisse eher heterogen. Um genauere und differenziertere Aussagen treffen und um diese auch deuten zu können, geht es in den nachfolgenden Tabellen 4-8 um die einzelnen Beobachtungen einzelner Gruppen. Die rechte Spalte der Tabellen 4-8 enthält jeweils Konkretisierungen der Beobachtungspunkte, die auf diese Unterrichtsreihe zugeschnitten sind. Begonnen wird mit dem ersten Beobachtungstag. Anzumerken ist noch, welche Gruppen sich gebildet haben. Es haben sich fünf Gruppen gebildet. Ein Schüler war während der Durchführung des Lernzirkels krank, sodass 13 Schüler/-innen teilgenommen haben:

- Gruppe 1: Anand und Tom;
- Gruppe 2: Kubilay, Peter und Lucas;
- Gruppe 3: Nicolas und Florian;
- Gruppe 4: Tyra, Carmen und Alina;
- Gruppe 5: Enna, Christin und Patricia.

Datum: 10. Februar 2011						
Beobachtungs-punkt	**Gruppe**	**Der Punkt ist** **sehr gut (1)**	**gut (2)**	**kaum (3)**	**nicht (4)** **beobachtbar.**	**Woran erkennt man das?** Die Lernenden...
1	1		X			- bearbeiten Fragestellungen ohne Hilfe. - experimentieren weitgehend ohne Nachfragen.
	2		X			
	3			X		
	4		X			
	5		X			
2	1		X			- vermuten / nennen Reaktionsschemata zur Salzbildung.
	2	X				
	3		X			
	4	X				
	5	X				
3	1			X		- planen die Durchführung für ihre Versuche unter Einhilfen basierend auf einem vorgegebenem Ziel.
	2		X			
	3		X			
	4		X			
	5		X			
11	1	X				- suchen sich ihre Lernpartner/-innen selbst und bilden entsprechende Paare bzw. Gruppen.
	2	X				
	3	X				
	4	X				
	5	X				

Tabelle 4: Beobachtungsergebnisse der Punkte 1, 2, 3, und 11

Wie in Tabelle 4 zu sehen ist, konnten die meisten Schülergruppen aufgrund des Themas, das durch mich im Plenum vorgestellt wurde, sofort anhand der Arbeitsaufträge an den Stationen mit der Arbeit beginnen. Einer Gruppe (Gruppe 3) war der Sinn der Stationsarbeit noch nicht klar, ihnen wurde das Thema nicht transparent und sie waren nicht motiviert genug. Hier musste nachgesteuert werden. Nachfragen gab es aber in allen Gruppen zu den Versuchen und zur Durchführung, sodass dieser Punkt in keiner Gruppe „sehr gut beobachtbar" war.

Der Beobachtungspunkt 2 bezog sich auf das Aufstellen von Vermutungen und Hypothesen. Da das Thema für die meisten Lernenden transparent war und sie auch für das Thema motiviert wurden, fiel den Schülern/-innen eine Verallgemeinerung der durchgeführten Versuche nicht schwer. Drei der Gruppen konnten ohne Einhilfen das korrekte Reaktionsschema für die jeweils erste Station aufstellen. Gruppe 1 hatte bei Station 5 statt „Nichtmetalloxid + Lauge → Salz + Wasser" einfach nur „Gas + Lauge → Salz + Wasser" geschrieben. Das ist zwar nicht falsch, aber die Verallgemeinerung auf Stoffgruppen ist nicht vollständig gelungen. Der Verweis auf einen Blick in die Hilfen konnte den Fehler beheben. Bei Gruppe 3 passierte ein ähnlicher Fehler.

Beobachtungspunkt 3 konnte – der Planung geschuldet – nicht vollständig beobachtet werden. Die Versuchsplanung spielte bei diesem Lernzirkel eine untergeordnete Rolle. Eine Ausrichtung des Lernzirkels in diese Richtung ist aber möglich (vg l. Tabelle 10). Die Schüler/-innen mussten jedoch aufgrund von Grafiken (vgl. A1 oder A2) die Durchführung zunächst verstehen und beschreiben. Die Grafiken sind hier als unterstützende Elemente zur Versuchsplanung aufzufassen. Das Umsetzen der Bilder in Handlungen bzw. in schriftliche Beschreibungen ist zur Versuchsplanung zugehörig. Gruppe 1 tat sich dennoch selbst damit schwer, hatte Nachfragen, verwendete die Hilfen zur Planung der Durchführung und brauchte Unterstützung. Das erklärt die differenzierte Darstellung in Tabelle 4.

Beobachtungspunkt 11 war bei allen Gruppen vollständig beobachtbar. Die Schüler/-innen haben sich selbst in den Gruppen zusammengefunden. Niemand wollte allein arbeiten. Da es danach fünf Paare bzw. Gruppen gab, wurde jedem Paar bzw. jeder Gruppe eine Pflichtstation zugewiesen.

Die Tabellen 5 und 6 geben eine Übersicht über die Beobachtungsergebnisse vom 14.2.2011.

Datum: 14. Februar 2011						
Beobachtungs-punkt	**Gruppe**	**Der Punkt ist**				**Woran erkennt man das?**
		sehr gut (1)	**gut (2)**	**kaum (3)**	**nicht (4)**	
		beobachtbar.				Die Lernenden...
4	1	X				- experimentieren. - protokollieren ihr Experiment.
	2	X				
	3	X				
	4	X				
	5	X				

5	1		X			- verhalten sich im Chemieraum gemäß der Sicherheitsbelehrung. - entsorgen Chemikalien fachgerecht.
	2			X		
	3		X			
	4	X				
	5	X				
9	1	X				- stehen im Zentrum des Unterrichts. - müssen keine langen frontalen Phasen über sich ergehen lassen.
	2	X				
	3	X				
	4	X				
	5	X				
10	1				X	- bearbeiten eine Wahlstation.
	2				X	
	3				X	
	4		X			
	5				X	

Tabelle 5: Beobachtungsergebnisse der Punkte 4, 5, 9 und 10

Nachfolgend wird auf Tabelle 5 Bezug genommen. Der Beobachtungspunkt 4 ist vollständig bei allen Gruppen beobachtbar gewesen. Alle Gruppen experimentierten in dieser Stunde und protokollierten ihr experimentelles Vorgehen. Dies gilt sowohl für das Planen und Verschriftlichen der Durchführungsanweisungen als auch für das Notieren der Beobachtungen und das Lösen der Aufgaben zur Auswertung.

Bezüglich des Beobachtungspunktes 5 ist eine differenziertere Betrachtung nötig. Insgesamt verhielten sich die Schüler/-innen vorbildlich. Drei Schüler (jeweils einer aus den Gruppen 1-3) mussten während des Experimentierens an das Tragen der Schutzbrille erinnert werden. Gruppe 2 hatte in dieser Stunde an Station 1 gearbeitet. Hier wurde mit Eisen und Schwefel experimentiert, was unter dem Abzug geschehen sollte. Die Gruppe hielt sich zunächst nicht an diese Anweisung, weshalb das Kreuz eine Spalte weiter rechts gesetzt wurde. Das lag vermutlich an oberflächlichem Lesen. Die Chemikalienentsorgung passierte entsprechend meiner Vorgaben in Bechergläser vorn am Lehrerpult.

Bezugnehmend auf Beobachtungspunkt 9 ist zu sagen, dass es in dieser Stunde außer der Begrüßung und der Aufforderung „Ihr dürft euch eure Materialien holen." keine frontalen und lehrerzentrierten Phasen gab. Insofern ist dieser Punkt bei allen Gruppen „sehr gut beobachtbar" gewesen. Ergänzend ist anzumerken, dass dies auf alle Stunden des Lernzirkels zutraf.

Beobachtungspunkt 10 konnte in dieser Stunde leider nur bei einer Gruppe (Gruppe 4) „gut beobachtet" werden. Diese Mädchengruppe hatte sehr intensiv gearbeitet und war früher fertig. Alle anderen Gruppen arbeiteten bis zum Stundenende an ihren Pflichtstationen. Die Mädchengruppe 4 arbeitete dann noch 15 Minuten an einer Wahlstation, konnte sie aber nicht fertigstellen. Vermutlich war insgesamt zu wenig Zeit, um die Wahlstationen überhaupt bzw. vollständig bearbeiten zu können (vgl. die späteren Ausführungen dazu).

Datum: 14. Februar 2011						
Beobachtungs-punkt	**Gruppe**	**Der Punkt ist sehr gut (1)**	**gut (2)**	**kaum (3)**	**nicht (4) beobachtbar.**	**Woran erkennt man das?** Die Lernenden…
6	1		X			- erheben im Experiment Daten und verschriftlichen sie.
	2		X			
	3		X			
	4		X			
	5		X			
7	1			X		- interpretieren Daten aus den Experimenten nach ihren Möglichkeiten.
	2		X			
	3		X			
	4		X			
	5			X		
12	1	X				- teilen sich die Arbeit auf. - lösen Aufgaben zusammen. - kommunizieren.
	2		X			
	3	X				
	4	X				
	5		X			
13	1	X				- nutzen die zur Verfügung stehenden Lernhilfen und / oder deren Lösungen.
	2	X				
	3	X				
	4	X				
	5	X				

Tabelle 6: Beobachtungsergebnisse der Punkte 6, 7, 12 und 13

Nachfolgend wird auf Tabelle 6 Bezug genommen. Die Ergebnisse zu den Beobachtungspunkten 6 und 7 kamen nicht nur auf Grundlage der Beobachtungen an dem in Tabelle 6 genannte Tage zu Stande. Sie resultieren auch aus der Auswertung der Portfolios meinerseits. Zu Beobachtungspunkt 6 ist zu sagen, dass alle Gruppen während ihrer Versuche Daten erhoben und verschriftlichten. Dazu zählen Stoffeigenschaften wie Farbe, Magnetismus, pH-Wert, Verhalten beim Erhitzen und andere. Da jedoch in allen Gruppen keine strikte Trennung zwischen Beobachtung und Auswertung vorgenommen wurde, konnte dieser Punkt bei allen Gruppen lediglich „gut beobachtet" werden.

Das differenzierte Ergebnis bei Beobachtungspunkt 7 resultiert zum einen aus den eben genannten Dingen (Trennung von Beobachtung und Auswertung). Zum anderen resultiert es aus einer unzureichenden Diskussion der Beobachtungsergebnisse der Gruppen 1 und 5. Eigenschaften wurden zwar beobachtet, aber nicht erklärt. Hierzu zählt z.B. die Erklärung der Veränderung der magnetischen Eigenschaft bei Station 4 (vgl. A1) oder des pH-Werts.

Die kooperative Arbeit in den Gruppen (Punkt 12) war soweit in Ordnung. Die Schüler/-innen waren die Dinge zusammen angegangen und profitierten gegenseitig von ihren unterschiedlichen Stärken. In Gruppe 2 gab es einen Außenseiter, der zumindest in der

Auswertungsphase allein arbeitete. Gruppe 5 war kurzzeitig dazu übergegangen, die gesamte Schreibarbeit einer Schülerin aufzubürden. Sie durfte am Experiment nicht teilnehmen und auch nicht am Finden der Antworten auf die Fragen zur Auswertung, da sie eine vermeintlich leistungsschwache Schülerin ist. Hier musste interveniert werden.

Zu Punkt 13: Die Lernhilfen nutzten in dieser Stunde alle der fünf Gruppen. Die Lösungen wurden hingegen nur von manchen Gruppen angefordert. Offensichtlich hatte ein kleiner Denkanstoß den übrigen Gruppen bereits gereicht, um inhaltlich weiter zu kommen.

Datum: 17. Februar 2011						
Beobachtungs-punkt	**Gruppe**	**Der Punkt ist** **sehr gut (1)**	**gut (2)**	**kaum (3)**	**nicht (4)** **beobachtbar.**	**Woran erkennt man das?** Die Lernenden...
8	1	X				- wenden das Atom- und Ionenmodell an. - wenden die chemische Formelsprache an. - stellen Gleichungen auf.
	2	X				
	3	X				
	4	X				
	5	X				
14	1		X			- stellen wenige Nachfragen. - kommen ohne Hilfe des Lehrers zur Lösung.
	2			X		
	3			X		
	4	X				
	5	X				
15	1				X	/
	2				X	
	3				X	
	4				X	
	5				X	
16	1				X	- füllen den Laufzettel aus. - reflektieren die Stationsarbeit schriftlich.
	2			X		
	3				X	
	4	X				
	5	X				

Tabelle 7: Beobachtungsergebnisse der Punkte 8, 14, 15 und 16

Nachfolgend wird auf Tabelle 7 mit den Beobachtungsergebnissen vom 17.02.2011 Bezug genommen. Beim Beobachtungspunkt 8 geht es um die Anwendung von Modellen. Beim Bearbeiten der Arbeitsaufträge an den einzelnen Stationen musste zumindest im Auswertungsteil mit Modellen gearbeitet werden (vgl. A1 oder A2). Modelle, die hier relevant sind, wären nach Becker, Glöckner, Jüngel und Hoffmann (1992; S. 316ff. und 409ff.) chemische Formeln, Reaktionsgleichungen und das Ionenmodell. Da alle Gruppen in dieser Stunde den Auswertungsteil von mindestens einer Station bearbeitet hatten, kamen auch alle Gruppen mit diesen Modellen in Berührung und verwendeten sie.

Bezüglich Beobachtungspunkt 14 war es für die Schüler/-innen insgesamt eine Umstellung, auf sich selbst gestellt zu arbeiten. Ich praktiziere zwar schon lange einen sehr schülerorientierten Unterricht in dieser Klasse, dennoch war ich manchmal inkonsequent beim Umsetzen dieses Vorhabens. Trotz dem Vorhandensein von Lernhilfen oder anderen Unterstützungsangeboten habe ich den Schülern/-innen geholfen und auf ihre Fragen geantwortet, die nicht zuletzt aus deren Faulheit resultierten. Der Gang zu den Lösungen oder zu den Lernhilfen ist anstrengender, als den Lehrer um Hilfe zu bitten. Für diese Unterrichtsreihe hatte ich mir vorgenommen, dies zu verändern und habe das den Lernenden auch gesagt. Meist ist es mir gelungen. Ich hatte immer erst mal auf die Hilfen verwiesen und auf deren Lösungen. Erst danach war ich Ansprechpartner für Fragen. Die meisten Fragen haben sich so erübrigt. Drei der Gruppen konnten mit diesen Vorgaben gut umgehen, nutzten die Hilfen intensiv und zum Teil auch die Lösungen. Diese Gruppen hatten keine Nachfragen. Zwei Gruppen (2 und 3) meldeten sich häufiger und baten um Hilfe. Zunächst hatte ich sie auf die Lernhilfen verwiesen. So erledigten sich die meisten Fragen. Bei weiteren Nachfragen arbeitete ich mit kleinen Tipps bzw. hatte auch auf manche Fragen meine Antwort verweigert. Ich war der Ansicht, dass ich keine zu großen Hinweise geben darf. An dieser Stelle war es wichtig für mich, zurückhaltend zu helfen, um auch gegenüber den anderen Gruppen angesichts der Leistungssituation gerecht zu bleiben.

Beobachtungspunkt 15 konnte nicht beobachtet werden, da dieser Lernzirkel anders angelegt ist. Er ist so angelegt, dass die Schüler/-innen sich nicht selbst kontrollieren, sondern so, dass das Lernprodukt – in diesem Fall ein Portfolio – vom Lehrer eingesammelt, korrigiert und bewertet wird. Somit war eine Selbstkontrolle nicht vorgesehen und auch nicht sinnvoll.

Die Qualität der Reflexionen beim Beobachtungspunkt 16 war abhängig von der beobachteten Gruppe. Manche Gruppen (2, 4 und 5) ritualisierten die stündliche Reflexion. Sie nahmen sich immer am Ende jeder Stunde die Zeit dafür, den Laufzettel auszufüllen und ihren Lernprozess und das Gelernte schriftlich zu reflektieren. Die beiden anderen Gruppen taten das nicht, nahmen die Möglichkeit der Reflexion vermutlich auch nicht ernst und nutzten sie nicht für sich selbst. Sie haben es damit abgetan, dass sie es später zu Hause machen würden. Das sind aber auch genau jene Schüler/-innen, bei denen die Reflexion – wie in Kapitel 4.1 angesprochen – fehlt. In Gruppe 2 hatte nur ein Schüler die Reflexion kontinuierlich und vollständig erledigt.

Datum: 21. Februar 2011						
Beobachtungs-punkt	**Gruppe**	**Der Punkt ist sehr gut (1)**	**gut (2)**	**kaum (3)**	**nicht (4) beobachtbar.**	**Woran erkennt man das?** Die Lernenden...
17	1	X				- haben nach dieser Stunde den Pflichtteil beendet. - lernen in ihrem eigenen Tempo.
	2	X				
	3	X				
	4	X				
	5	X				

18	1	X				- kooperieren miteinander. - klären Konflikte ohne Eingreifen des Lehrers.
	2		X			
	3	X				
	4	X				
	5		X			
19	1	X				- schreiben Protokolle.
	2	X				
	3	X				
	4	X				
	5	X				

Tabelle 8: Beobachtungsergebnisse der Punkte 17, 18 und 19

Nachfolgend wird auf Tabelle 8 mit den Beobachtungsergebnissen vom 21.02.2011 Bezug genommen. Diese Stunde war die letzte Stunde des Lernzirkels und damit auch die letzte Stunde, in der beobachtet wurde. Beobachtungspunkt 17 wurde mit Absicht in dieser letzten Stunde beobachtet. Zu diesem Zeitpunkt konnte klar gesagt werden, ob die Arbeitstempi der Gruppen angemessen waren und ob sie die Zeitvorgabe eingehalten hatten. Zwei Dinge waren mir aufgefallen: Zum einen haben die Gruppen unterschiedlich schnell gearbeitet und zum anderen haben alle Gruppen den Pflichtteil des Lernzirkels fertigstellen können. Zwei Gruppen (4 und 5) haben sogar eine Wahlstation bearbeiten können. Diese haben die jeweiligen Gruppen dann auch zum Bestandteil des Portfolios gemacht.

Nun zum Beobachtungspunkt 18: Zur Kooperation wurde bei Beobachtungspunkt 12 schon ausreichend Stellung genommen. Konflikte gab es in den Gruppen kaum welche, bei denen ein Eingriff von außen aus meiner Sicht notwendig gewesen wäre. Zu nennen sind lediglich die Dinge, die unter Punkt 12 bereits genannt wurden. Jene Dinge wurden hier mit berücksichtigt, sodass ein identisches Beobachtungsergebnis die Folge ist.

Beim Beobachtungspunkt 19 ging es um die Dokumentation der Schülerarbeit. Da alle Gruppen und nach meinem Eingreifen auch jede/-r Schüler/-in ein Protokoll geschrieben hatte, konnte dieser Punkt bei allen Gruppen „sehr gut beobachtet" werden. Die Portfolios bestätigen das. Protokolle liegen vollständig von allen Lernenden vor. Bei Punkt 19 werden die Reflexionen nicht berücksichtigt. Sicherlich würde dies auch zu einer Dokumentation der Schülerarbeit gehören, Reflexionen wurden allerdings bereits unter Punkt 16 betrachtet.

Zusammenfassend ist zu sagen, dass allein die Schülerbeobachtung schon viele Erkenntnisse zu Tage gefördert hat, ob gewisse Dinge während des Stationenlernens gut oder auch schlecht gelaufen sind. Hinsichtlich der Aspekte „Erkenntnisgewinnung" und „selbstständiges Lernen", die ja auch Bestandteil der drei Leitfragen waren, sind nun bereits Aussagen möglich. Nach Darstellung und Analyse der Schülerbeobachtung lassen sich die Kriterien (bzw. Beobachtungspunkte) zur Erkenntnisgewinnung und zum selbstständigen Lernen (vgl. 2.4) in drei Kategorien einteilen (Tabelle 9 zeigt diese Unterteilung):

I. Kriterien, die mit Hilfe des durchgeführten Lernzirkels erfüllt wurden;
II. Kriterien, die mit Hilfe des durchgeführten Lernzirkels teilweise erfüllt wurden.
III. Kriterien, die mit Hilfe des durchgeführten Lernzirkels nicht erfüllt wurden.

Kategorie	Kriterien nach Kapitel 2.4
I	4, 8, 9, 11, 13, 17, 19
II	1, 2, 3, 5, 6, 7, 12, 14, 16, 18
III	10, 15

Tabelle 9: Zuordnung der Kriterien zu den Kategorien I bis III

Sieben der 19 Kriterien wurden demnach vollständig erfüllt. Zehn Kriterien wurden teilweise erfüllt und zwei der Kriterien wurden gar nicht erfüllt. Damit kann zum jetzigen Zeitpunkt gesagt werden, dass viele Dinge während dieses Lernzirkels gut funktioniert und zur Förderung der Erkenntnisgewinnung und des selbstständigen Lernens beigetragen haben. Bezüglich der Kriterien in Kategorie III müsste andererseits grundlegend etwas am Lernzirkel verändert werden. Mögliche Veränderungen werden nun kurz vorgestellt.

Bei Kriterium 10 ging es um die Wahlmöglichkeit der Schüler/-innen aus mehreren binnendifferenzierenden Lernangeboten. Die Idee mit den Wahlstationen finde ich hierfür immer noch gut. Es müsste den Lernenden aber zum einen zur Bearbeitung mehr Zeit zur Verfügung gestellt werden. Zum anderen darf eine solche Wahlstation nicht wie eine Bestrafung oder zusätzliche Arbeit auf die Schüler/-innen wirken, so wie es hier zum Teil der Fall war (vgl. A5). Sie sollte vielmehr z.B. im Sinne des operativen Übens[22] einen spielerischen Zugang zum Thema gewähren und inhaltlich eine breitere Fächerung erlauben.

Inhaltlich ging es bei Kriterium 15 um die eigenständige Lösungskontrolle der Lernenden. Dieser Lernzirkel war nicht so konzipiert, dass die Lernenden ihre Lösungen selbst kontrollieren können. Dann wäre das Einsammeln und Bewerten der Portfolios nicht mehr sinnvoll gewesen. Außerdem waren Schülerprodukte nötig, um diese Arbeit schreiben zu können. In einer anderen Situation ist es jedoch durchaus vorstellbar, auf das Bewerten der Portfolios zu verzichten bzw. für diese einen anderen Schwerpunkt zu wählen (z.B. die Reflexion des Lernprozesses). Dann bietet sich die Selbstkontrolle unter der Prämisse, das selbstständige Lernen zu fördern, an.

Viele Ergebnisse zu Kriterien, die Kategorie II zugeordnet wurden, können durch eine gezieltere Steuerung des Lernprozesses im Vorhinein verbessert werden. Andere sind aus meiner Sicht eine Frage der Gewöhnung und Übung und werden mit dem regelmäßigeren Durchführen ähnlich gearteter Unterrichtseinheiten weiter verbessert. Die folgende Tabelle 10 beinhaltet Vorschläge zur Optimierung der Ergebnisse der Kriterien in Kategorie II.

Kriterium bzw. Beobachtungspunkt	Vorschläge zur Optimierung
1	Das Thema könnte durch einen problemorientierten Einstieg motiviert werden. Die Lernenden erkennen das Problem und erstellen selbst Fragestellungen, die z.B. experimentell beantwortet werden können. So wie von mir durchgeführt (informierender Einstieg) war das Thema nicht für jede/-n Schüler/-in ausreichend transparent und motiviert.

[22] Übungsform, bei der gedankliche Operationen in vielfältigen Variationen angewendet werden (vgl. Büchter, Leuders 2009; S. 149).

2	Es ist noch stärker auf die Verwendung der Lernhilfen hinzuweisen und zu bestehen.
3	Wenn, wie weiter oben beschrieben, Problemfragen aufgestellt worden wären, hätte es sich auch angeboten, die Schüler/-innen Versuche komplett selbst planen zu lassen (z.B. auch unter Nutzung von Lernhilfen). Dann hätte man aber anderen Stellen – hier bleibt nur die experimentelle Phase – Zeit einsparen müssen.
5	Zum Durchsetzen des Tragens der Schutzbrille könnten Schüler/-innen, die sich nicht daran halten, vom Experimentieren ausgeschlossen werden (Signalcharakter). Für diese Lernenden müssten dann natürlich alternative Aufgaben bereitgehalten werden. Die Verwendung des Abzugs bei Station 1 war anscheinend nicht für alle transparent genug. Hier hätte zusätzlich zu dem Hinweis auf dem Arbeitsblatt noch eine Bemerkung diesbezüglich im Plenum erfolgen können, um eine stärkere Akzentuierung zu bewirken.
6	Eine strikte Trennung von Beobachtung und Auswertung fällt nach meinen Erfahrungen selbst Schülern/-innen in der gymnasialen Oberstufe noch schwer. Hier helfen meines Erachtens ein vorbildliches Lehrerverhalten, eine konsequente Umsetzung des Gelernten und die Korrektur von Fehlern in ausgedehnten Übungsphasen.
7	Eine vollständige Diskussion der Beobachtungsergebnisse kann durch das Hinzufügen entsprechender Teilaufgaben im Auswertungsteil erreicht werden. So wird das Vorgehen jedoch kleinschrittiger.
12	Der Weg zur Optimierung des kooperativen Lernens und sozialer Kompetenzen kann meiner Ansicht nach im Unterricht nur über eine konsequente Anwendung entsprechender Methoden und Sozialformen, die zur Förderung dieser Punkte geeignet sind, erfolgen. Außerunterrichtlich kann hier mit Gesprächen oder gemeinsamen Aktivitäten aller Schüler/-innen (z.B. auf Klassenfahrten, Grillabenden, ...) gemeinsam gearbeitet werden.
14	Zur Optimierung dieses Punktes ist es wichtig, dass die Lernenden begreifen, dass die Lehrkraft im Unterricht eigentlich erst nach Nutzung aller anderen zur Verfügung stehenden Hilfsmöglichkeiten Helfer/-in ist. Hierzu bedarf es eines langen Prozesses, in dem sich Schüler/-innen und Lehrer/-innen daran gewöhnen, dies durchzuhalten. Die Lehrkraft muss dies konsequent umsetzen und die Schüler/-innen zu diesem Verhalten motivieren. Das Lernen zu lernen steht im Fokus dieses Motivierens.
16	Die Reflexion wurde leider nicht von allen Schülern/-innen in dem erhofften Maße verfolgt. Hier ist klarer Nachholbedarf bei der Prozesssteuerung vor dem Eintritt in den Lernzirkel. Motivation und Transparenz der Nützlichkeit dieser Reflexionen sind hier die Schlagwörter. Den Lernenden muss klar sein, dass diese Reflexionen einen Zweck haben. Sie dürfen nicht als „nutzlose Platzvergeudung" aufgefasst werden. Ferner hätte auch während des Lernzirkels auf die Verschriftlichung der Reflexionen stärker geachtet werden können.
18	vgl. Kriterium 12

Tabelle 10: Vorschläge zur Optimierung der Ergebnisse der Kriterien in Kategorie II

4.3 Darstellung, Analyse und Auswertung ausgewählter fachlicher Schülerergebnisse

Die Auswertung fachlicher Ergebnisse soll an dieser Stelle erfolgen. Sie wird aber kurz gehalten, da dies kein Schwerpunkt im Sinne der drei Leitfragen war.

Zunächst ist festzuhalten, dass nach der Durchsicht der Portfolios meines Erachtens keine schwerwiegenden fachlichen Fehler aufgetreten sind. Dies hatte sicherlich mit dem Einsatz der Lernhilfen und deren Lösungen zu tun. Die Versuchsauswertungen waren im Wesentlichen korrekt, einzelne Fehler wurden angestrichen. Reaktionsschemata wurden erkannt, Reaktions- und Wortgleichungen überwiegend richtig formuliert und ausgeglichen. Ein Problem, das in mehreren Gruppen auftrat, war das falsche Aufstellen chemischer Formeln. Insofern hatte die Durchsicht der Portfolios auch einen diagnostischen Charakter. Hier muss abermals eine Auffrischung des Wissens erfolgen. Ich habe das Aufstellen chemischer Formeln in Klasse 8 über den Begriff der „Wertigkeit" eingeführt und in Klasse 9 bei den Salzen anhand der Ladungen der beteiligten Ionen erweitert. Probleme tauchten jetzt in dieser Einheit nur dann auf, wenn der Betrag der Ionenladungen der beteiligten Ionen nicht übereinstimmte. Hier wurden Klammern weggelassen oder Zahlen vertauscht (vgl. Abbildungen 2-3). Ebenso ist deutlich geworden, dass der kleine aber feine Unterschied z.B. zwischen „Sulfid" und „Sulfit" einigen Schülern/-innen nicht klar ist (vgl. Abbildung 4). Das Aufstellen von Formeln muss daher im Unterricht wiederholt und grundlegend noch mal angeschaut werden. Die Abbildungen 2-4 zeigen typische Fehler.

Abbildung 2: Falsche Formel für Calciumphosphat

Abbildung 3: Falsche Formel für Calciumbromid

Abbildung 4: Falsche Formel für Magnesiumsulfid

Des Weiteren wurde nach Abschluss dieser Reihe eine Lernerfolgskontrolle über das gesamte Thema „Salze" geschrieben. Ohne dies an dieser Stelle zu stark werten zu wollen, ist diese Lernerfolgskontrolle, zumindest das Thema „Salzbildungsarten" betreffend, ziemlich gut ausgefallen. So wurden die beiden Aufgaben zu diesem Thema von 77 % der Lernenden korrekt beantwortet und insgesamt 74 % der zu vergebenen Punkte erreicht. Die Aufgaben beinhalteten die Widergabe der Reaktionsschemata, das Benennen von Edukten zur Herstellung bestimmter Salze und das Aufstellen von Reaktionsgleichungen für ausgewählte Salzbildungsreaktionen. Das ist nach meinem subjektiven Eindruck ein wesentlich besseres Ergebnis, als jenes von vor zwei Jahren.

Zusammenfassend ist daher zu sagen, dass das Thema den Lernenden keine größeren fachlichen Schwierigkeiten bereitete. Die Methode *Lernen an Stationen* und die Konzeption des Lernzirkels an sich scheinen die gewünschten fachlichen Kompetenzzuwächse zu fördern. Beim Aufstellen von chemischen Formeln muss jedoch nachgebessert werden.

Eine exemplarische Schülerlösung von Station 4 findet sich im Anhang 8.

4.4 Darstellung, Analyse und Auswertung der Schülerreflexionen

Die schriftlichen Reflexionen der Schüler/-innen waren für mich ein sehr hilfreiches Mittel, um den Erfolg oder Misserfolg dieses Unterrichtsvorhabens gut einschätzen zu können. Umso bedauerlicher ist es, dass nicht alle Lernenden die Reflexionen angefertigt haben. Insgesamt haben leider nur sieben von 13 Schülern/-innen eine schriftliche Reflexion angefertigt und auch den Laufzettel komplett ausgefüllt. Ein Beispiel findet sich in Anhang 10.

Es sollen hier drei Reflexionen etwas genauer diskutiert werden. Weitere Beispiele, die inhaltlich ähnlich zu diesen hier sind, finden sich im Anhang 7. Die Abbildungen 5, 6 und 7 zeigen diese drei Reflexionen.

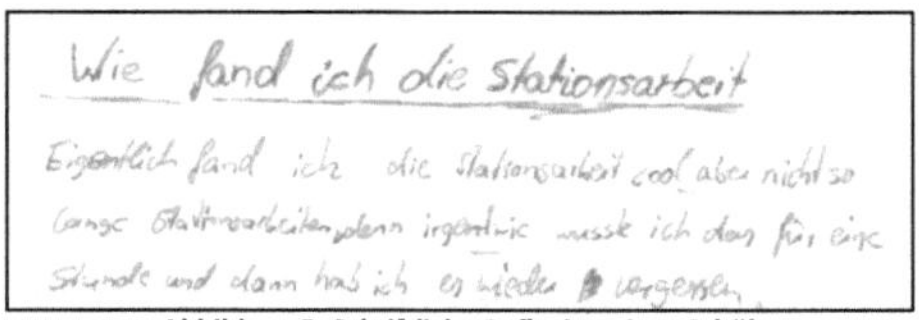
Wie fand ich die Stationsarbeit
Eigentlich fand ich die Stationsarbeit cool aber nicht so lange Stationsarbeiten, denn irgendwie musste ich das für eine Stunde und dann hab ich es wieder vergessen.

Abbildung 5: Schriftliche Reflexion eines Schülers

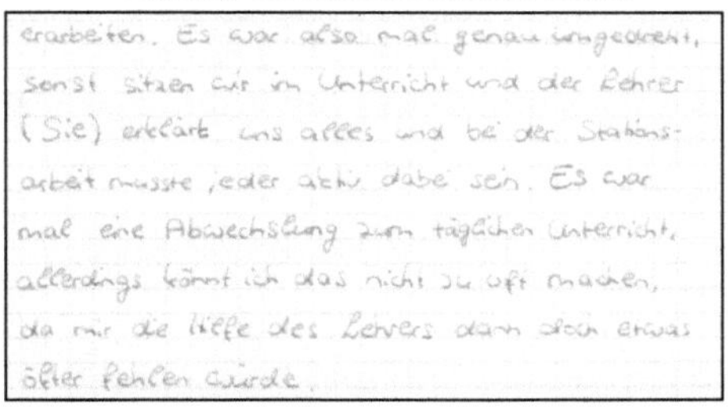
erarbeiten. Es war also mal genau umgedreht, sonst sitzen wir im Unterricht und der Lehrer (Sie) erklärt uns alles und bei der Stations-arbeit musste jeder aktiv dabei sein. Es war mal eine Abwechslung zum täglichen Unterricht, allerdings könnt ich das nicht zu oft machen, da mir die Hilfe des Lehrers dann doch etwas öfter fehlen würde.

Abbildung 6: Schriftliche Reflexion einer Schülerin (1)

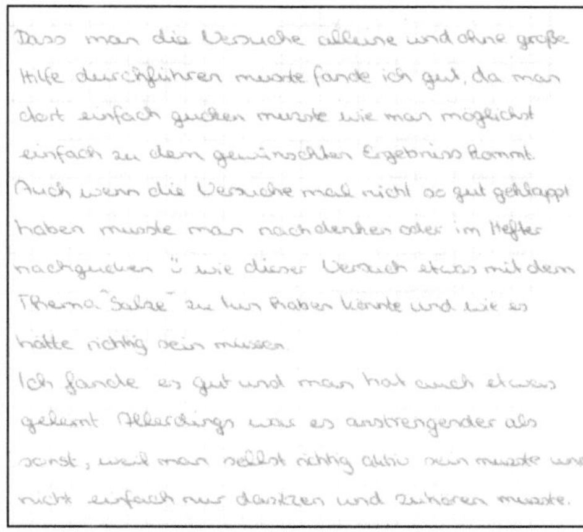
Dass man die Versuche alleine und ohne große Hilfe durchführen musste fande ich gut, da man dort einfach gucken musste wie man möglichst einfach zu dem gewünschten Ergebniss kommt. Auch wenn die Versuche mal nicht so gut geklappt haben musste man nachdenken oder im Hefter nachgucken wie dieser Versuch etwas mit dem Thema "Salze" zu tun haben konnte und wie es hätte richtig sein müssen.
Ich fande es gut und man hat auch etwas gelernt. Allerdings war es anstrengender als sonst, weil man selbst richtig aktiv sein musste und nicht einfach nur dasitzen und zuhören musste.

Abbildung 7: Schriftliche Reflexion einer Schülerin (2)

Insgesamt ziehe ich aus den Abbildungen 5-9 den Schluss, dass die Stationsarbeit den Lernenden Spaß gemacht hat. Spaß ist wichtig beim Lernen und ein nicht zu unterschätzender Faktor. Der Text des Schülers aus Abbildung 5 zielt ferner darauf ab, dass der Lernzirkel zu lang gewesen sei. Nach den Angaben des Schülers sei das Gelernte so nicht sehr nachhaltig gewesen. Nach meiner Ansicht reflektiert er hier nicht ausreichend, wie der Lernerfolg und die Nachhaltigkeit in einem Unterricht wären, der den Schülern/-innen „normal" vorkommen würde. Damit ist ein frontaler Unterricht gemeint, so wie ihn die Schüler/-innen von den meisten Kollegen/-innen täglich „serviert" bekommen. Aus meinem Unterricht kennen die Schüler/-innen das Arbeiten an Lernstationen bereits. Bislang hat dieses aber nie länger als zwei bis drei Unterrichtsstunden gedauert und wurde auch oft zur Übung eingesetzt. Zur Erarbeitung eines neuen Themas wurde diese Methode noch nicht so häufig benutzt. Insofern ist der Einwand des Schülers für mich verständlich. Das Vergessen von Lerninhalten, die sich die Lernenden in einer Stunde mühevoll erarbeitet haben, könnte deshalb z.B. durch eine Zwischensicherung der bisherigen Stationsarbeit gemindert werden. Dies könnte insbesondere bei Lernzirkeln sinnvoll sein, die über eine noch längere Zeit als im vorliegenden Fall andauern. Diese Sicherung könnte praktisch so aussehen, dass sich die

Lehrkraft zu den einzelnen Gruppen setzt und mit ihnen die bisherigen Ergebnisse bespricht. Eine Sicherung im Plenum, so wie sie am Ende der Unterrichtsreihe erfolgte, ist sicher nicht sinnvoll, da während der Erarbeitung nicht alle Gruppen alle Stationen bearbeitet haben.

Der Text der Schülerin aus Abbildung 7 enthält noch mehr Aspekte. Sie beschreibt, dass in dem Fall, wenn bei einer eigenständigen Erarbeitung eines Themas etwas schief geht (hier: der Versuch zeigt kein Ergebnis oder eindeutiges Ergebnis), dass die Schüler/-innen dann auf sich allein gestellt wären und damit umgehen müssten. Sie nennt als eine mögliche Hilfe, im Hefter nachzuschlagen. Dieser Aspekt ist sehr interessant, denn er deutet in Richtung eines der zentralen Ziele selbstständigen Lernens (vgl. 2.3): Die Schüler/-innen lernen zu lernen und sich in Situationen, in denen sie zunächst nicht sofort zum Ziel kommen, zu helfen zu wissen. Mit Blick in Richtung Ausbildung, Studium oder Beruf werden sie solche Situationen später häufig erleben. Schule kann meines Erachtens auch zur Vorbereitung auf solche Situationen einen Beitrag leisten. Auf der anderen Seite schreiben beide Schülerinnen (vgl. Abbildungen 6 und 7) weiter, dass genau diese Dinge anstrengender sind, als z.B. bei einem Lehrervortrag nur zuzuhören. Diese Anstrengung ist allerdings nach meinem Dafürhalten eine aus pädagogischer Sicht gewünschte Anstrengung, die die Schüler/-innen aus der Rolle der Rezipienten, die das Wissen quasi „serviert" bekommen, löst. Dazu beitragend habe ich aus Erzählungen der Schüler/-innen wahrgenommen, dass sie auch den „klassischen" Unterricht mögen, wenn sie sehr lange in einer aktiven Phase waren. Das wird auch in Abbildung 6 bestätigt und liegt aus meiner Sicht genau an dieser Anstrengung, der sie im geschlossenen Unterricht nicht unterliegen. Dieser wird hier sogar als Hilfe interpretiert (vgl. Abbildung 6). Ich denke, es ist zum einen eine Frage der Gewöhnung: Würden mehr Kollegen/-innen offenere Arbeitsformen praktizieren, würden die Schüler/-innen auch professioneller damit umgehen. Zum anderen: Da hier weder der offene noch der geschlossene Unterricht schlecht geredet werden soll, ist eine Mischung aus beidem ein vernünftiger Kompromiss.

Ein weiterer Aspekt, der hier kurz benannt werden soll, ist im Text in Abbildung 9 (vgl. Anhang 7) zu finden. Diese Schülerin beschreibt hier den Forschungscharakter, der hinter diesem Lernzirkel steckt. Tatsächlich ist es so, dass die Schüler/-innen aufgrund der Aufgaben in diesem Lernzirkel forschend tätig wurden. Sie mussten Versuche auf der Grundlage von Grafiken planen, Versuche beobachten und diese Beobachtungen wie Magnetismus, Farbe, Aussehen unter dem Mikroskop usw. interpretieren. Dies geschah immer unter der Fragestellung: Ist hier ein Salz entstanden und warum? All das spricht für eine Förderung des Kompetenzbereiches der Erkenntnisgewinnung. Darüber hinaus beschreibt sie noch einen Punkt von didaktischem Nährwert. Sie spricht die Reaktivierung und Flexibilisierung von Wissen an, das die Schüler/-innen zwar einmal gelernt haben, aber nicht mehr abrufen können. In diesem speziellen Fall ging es um das Aufstellen von Formeln. Zum Bewältigen der Arbeitsaufträge an den Stationen war es nötig, dass sich die Gruppen noch einmal mit diesem Thema auseinandersetzen. Und auch hier spielt die Selbstständigkeit eine entscheidende Rolle: Der/Die Schüler/-in muss zunächst erkennen, dass er/sie zum Lösen dieser Aufgabe, etwas benötigt, das er/sie nicht mehr weiß. Nun muss er/sie selbstständig tätig werden und für die Reaktivierung dieses Wissens selber sorgen.

Zusammenfassend können aus der Diskussion dieser Schülerreflexionen die folgenden Schlussfolgerungen gezogen werden:

- Die Stationsarbeit hat den Schülern/-innen Spaß gemacht. Das ist für mich ein Zeichen, dass sie Lernzirkel in dieser Länge und auch zur Erarbeitung wieder bearbeiten möchten.
- Bei längeren Lernzirkeln sind Zwischensicherungen einzuplanen, um das Gelernte nachhaltiger zu machen.
- Offene Arbeitsformen empfinden die Schüler/-innen anstrengender als geschlossene Arbeitsformen. Eine Mischung in einem angemessenen Verhältnis aus beiden Formen erscheint sinnvoll.
- Der Lernzirkel hat einen Beitrag zum selbstständigen Lernen geleistet.
- Der Lernzirkel hat die Kompetenz der Erkenntnisgewinnung gefördert.

Im folgenden Kapitel 5 werden die Erkenntnisse aus Kapitel 4 nun zusammenfassend diskutiert und indes die eingangs formulierten Leitfragen beantwortet.

5. Zusammenfassung

Anhand der vorliegenden Arbeit konnte eine Unterrichtsreihe im Fach Chemie vorgestellt und ausgewertet werden. Das Verfahren der Schülerbeobachtung hat sich als ein probates Mittel erwiesen, um die gesetzten Schwerpunkte zu prüfen. Mittels der (nicht nur) im Anhang befindlichen Schülermaterialien und -produkte kann man sich einen Eindruck über die Unterrichtsreihe verschaffen. Insgesamt sind in Kapitel 4 viele Punkte zum Vorschein gekommen, die das *Lernen an Stationen* als eine Unterrichtsmethode haben sichtbar werden lassen, die die Erkenntnisgewinnung und das selbstständige Lernen fördert und viele Positiva in sich vereint. Andererseits sind einige Aspekte kritisch andiskutiert worden, die die Methode in dieser Unterrichtsreihe nicht unterstützen konnte.
Nun bleibt abschließend zu beurteilen, ob die Leitfragen aus der Einleitung positiv beantwortet werden können. Im Folgenden werden die Fragen nochmals genannt und anhand der Erkenntnisse aus Kapitel 4 beantwortet.

Zur ersten Leitfrage: Inwiefern fördert das *Lernen an Stationen* den Kompetenzbereich der Erkenntnisgewinnung im Fach Chemie?

Prinzipiell ist erst mal zu sagen, dass das *Lernen an Stationen* die Erkenntnisgewinnung sehr stark fördern kann. Die Kriterien 4 und 8 konnten aufgrund meiner Beobachtung vollständig erfüllt werden (vgl. 4.2). Die meisten Kriterien zur Erkenntnisgewinnung wurden Kategorie II zugeordnet. Vorschläge zur Optimierung der Ergebnisse der in Kategorie II befindlichen Kriterien wurden in Tabelle 10 unterbreitet. Daraus kann man den Schluss ziehen, dass durch kleine Veränderungen wie z.B. eine bessere Prozesssteuerung im Vorhinein, das verstärkte Schaffen von Transparenz und Motivation, eine stärkere Begleitung der Lernenden während des Stationenlernens und anderen Dingen die Lernzirkelarbeit verbessert werden und vollständig auf den Kompetenzbereich Erkenntnisgewinnung ausgerichtet werden kann. Zusätzlich wurde keines der Kriterien Kategorie III zugeordnet. Es bedarf also keiner großen Umstellung des Konzeptes dieser Unterrichtsreihe, um die Erkenntnisgewinnung gezielt fördern zu können. Auch die Besprechung der Schülerreflexionen (vgl. 4.4) hat gezeigt, dass einige Schüler/-innen subjektiv eine Förderung dieser Kompetenz wahrgenommen haben. Ein weiterer bisher, kaum erwähnter, aber dafür nicht unbeträchtlicher Aspekt, ist die Klassengröße, die ein entscheidendes Maß für die experimentelle Ausrichtung von Chemieunterricht sein kann. Mir fiel es oft nicht ganz leicht, 13 Schüler/-innen an fünf verschiedenen Stationen bei verschiedenen Experimenten zu beobachten und auf die Einhaltung der Sicherheitsregeln zu achten. Außer jenen Regelverstößen, die bereits genannt wurden, kam es aber zu keinen weiteren Regelverstößen. Aufgrund meiner Kenntnis des Arbeitsverhaltens der Schüler/-innen und der vorhandenen Routine der Lernenden beim Experimentieren habe ich den Lernenden im Vorhinein viel Vertrauen entgegengebracht und mich auf sie verlassen. Ob diese Unterrichtsreihe mit demselben experimentellen Schwerpunkt zur Förderung dieser Kompetenz in einer fremden Lerngruppe und mit 30 oder gar mehr Schülern/-innen analog durchführbar wäre, ist schwer zu sagen und müsste in der Praxis erprobt werden. Schließlich muss die Sicherheit aller Anwesenden im Chemieraum gewährleistet sein. In jedem Fall ist eine umfangreiche Diagnose des Lern- und Arbeitsverhaltens, Disziplinniveaus, Vorwissens und Entwicklungsstandes der Lerngruppe im Vorhinein erforderlich (vgl. Becker, Glöckner, Jüngel, Hoffmann 1992; S. 372). Darüber hinaus kann ein Ausweichen auf andere Organisationsformen wie Teilungs[23]- oder Doppelsteckungsunterricht[24] - abhängig von den institutionellen Voraussetzungen der jeweiligen Schule - förderlich sein. Jede Lehrkraft sollte das individuell für ihre Klasse entscheiden. Ein gewisses Grundvertrauen in die Schüler/-innen sollte aber vorhanden sein (vgl. ebd.). Insgesamt kann also durch kleinere Veränderungen mit Hilfe der gewählten Methode bei ähnlich großen und gearteten Lerngruppen die gewünschte Kompetenz Erkenntnisgewinnung bei den Schülern/-innen gezielt und stark gefördert werden. Es ist jedoch noch einmal deutlich zu machen, dass die Versuchsplanung eine größere Rolle bei solch einem Lernzirkel spielen sollte. Das ist bei der zukünftigen Planung solcher Einheiten unter diesem Schwerpunkt stärker zu berücksichtigen.

<u>Zur zweiten Leitfrage</u>: Wie stark kann die Methode *Lernen an Stationen* selbstständiges Lernen unterstützen?

Zu Beginn ist auch zu dieser Leitfrage zu sagen, dass die Methode *Lernen an Stationen* das selbstständige Lernen stark unterstützen kann. Dazu betrachte man noch einmal die Ergebnisse der Schülerbeobachtung. Fünf der Kriterien konnten uneingeschränkt „sehr gut beobachtet" werden. Vier der Kriterien (12, 14, 16 und 18) wurden Kategorie II zugeordnet. Auch hier ist wieder auf die unterbreiteten Lösungsvorschläge in Tabelle 10 zu verweisen. Eigentlich ließen sich die Ergebnisse bezogen auf alle vier Kriterien durch den häufigeren Einsatz offenerer Arbeitsformen im Unterricht verbessern. Damit ist nicht nur mein Unterricht gemeint sondern auch der Unterricht anderer Kollegen/-innen. Durch die Etablierung dieser Arbeitsformen im Unterricht eines ganzen Kollegiums oder eines großen Teils davon könnten die Schüler/-innen stärker daran gewöhnt werden, u.a. zu reflektieren

---

[23] Im Teilungsunterricht wird eine Klasse geteilt – meist parallel in zwei verschiedenen Fächern – unterrichtet.

[24] Im Doppelsteckungsunterricht unterrichten zwei Lehrkräfte gleichzeitig in einer Klasse. Der auch regulär unterrichtenden Lehrkraft wird zum Unterricht im Team ein/-e zweite/-r Fachlehrer/-in „zur Verfügung gestellt" und dadurch die individuelle Förderung intensiviert.

und zu kooperieren. Da dieses gemeinsame Verändern von Unterricht allerdings aus meiner Sicht momentan nur Wunschtraum ist, muss ich lokal an meinem eigenen Unterricht weiterarbeiten und in diesem Sinne fortlaufend für eine Etablierung offener Arbeitsformen sorgen. Geschlossenere Arbeitsformen sollen und müssen andererseits nach wie vor ihre Berechtigung im Unterricht haben. Es gibt Phasen des Unterrichts bzw. Themen, in denen eine Lehrerzentrierung unerlässlich und sinnvoll ist. Becker, Glöckner, Jüngel und Hoffmann (1992; S. 252 und S. 268) führen aus, dass eine Lehrerzentriertheit insbesondere in Phasen der Systematisierung und bei komplexen Themen (z.B. dem Orbitalmodell) nützlich sei.
Bedauerlich ist, dass nur wenige Schüler/-innen die Möglichkeit zur Reflexion genutzt haben. Hier hätte ein „Auf-die-Finger-schauen" während des Lernzirkels für Intervention sorgen können. Bspw. ein Hinweis darauf, dass die Reflexionen mit genau so großer Wichtigkeit wie die fachlichen Inhalte ins Portfolio gehören, hätte vielleicht Abhilfe schaffen können. Folglich könnten die Ergebnisse bezüglich der Kriterien 12, 14, 16 und 18 durch leichte Veränderungen der Unterrichtsreihe und auch durch den vermehrten Einsatz von offenen Arbeitsformen optimiert werden. Zwei der Kriterien zum selbstständigen Lernen mussten Kategorie III zugeordnet werden. Das betrifft zum einen die Wahlmöglichkeit zwischen mehreren differenzierenden Lernangeboten. Hier ist anzumerken, dass die Wahlstationen auch inhaltlich mehr Wahlmöglichkeiten bieten sollten, um dem in 2.3 genannten Kriterium „Die Lernenden haben Einfluss auf Inhalte des Lernprozesses.", gerecht zu werden. Beide Wahlstationen beinhalteten nämlich dasselbe Thema. Zum anderen ist das eigenständige Vergleichen der Lösungen betroffen. Dahingehend wurden in Kapitel 4.2 Vorschläge unterbreitet, wie man die Ergebnisse bezüglich dieser Kriterien grundlegend verbessern kann. Dazu muss am Konzept des Lernzirkels etwas verändert werden. Prinzipiell bietet aber das *Lernen an Stationen* auch hier die Möglichkeit, diese Kriterien zu fördern. Auch die Schülerreflexionen haben gezeigt, dass selbstständiges Lernen gefördert wurde und dass die Schüler/-innen beim Lernen Spaß hatten (vgl. 4.4). Insgesamt ist also festzustellen, dass das *Lernen an Stationen* viele der Kriterien zum selbstständigen Lernen fördert. Dies kann es meiner Ansicht nach besser, als geschlossene Arbeitsformen, weil die Natur geschlossener Arbeitsformen die Lehrerzentrierung ist (vgl. Jürgens 2004; S. 43). Es sind z.B. Differenzierung, autonomes Handeln und Kooperation der Lernenden im geschlossenen Unterricht weniger möglich.
Zur Förderung mancher Kriterien sind zum Teil kleinere aber auch größere konzeptionelle Veränderungen an der vorliegenden Stationsarbeit vorzunehmen. Angesichts behebbarer Probleme halte ich die Methode dennoch als vollständig dafür geeignet, das selbstständige Lernen zu fördern.

<u>Zur dritten Leitfrage</u>: Welcher Lernerfolg tritt ein?

Diese Frage ist zwar eine der drei Leitfragen, sie war aber nicht Schwerpunkt dieser Arbeit. Insofern kann sie nur auf Grundlage der Ausführungen in den Kapiteln 4.3 und 4.4 und meinem subjektiven Empfinden beantwortet werden. Die Erkenntnisse aus Kapitel 4.3 haben gezeigt, dass außer einer keine wesentlichen weiteren fachlichen Schwierigkeiten beim Anfertigen der Portfolios aufgetreten sind. Das Aufstellen chemischer Formeln bereitete vielen Lernenden Schwierigkeiten. Nach meinem Dafürhalten muss hier eine Übung und Wiederholung der Regeln zum Aufstellen von chemischen Formeln erfolgen. Darüber hinaus hatte die Durchsicht der Portfolios keine weiteren gravierenden fachlichen Fehler ergeben. Die Arbeit mit den gestuften Lernhilfen hat hier meiner Ansicht nach viele Dinge aufgefangen. Zur Förderung der Nachhaltigkeit des Gelernten ergaben die Ausführungen eines Schülers (vgl. Abbildung 5), dass es dienlich sein könnte, eine Zwischensicherung – insbesondere während längerer Lernzirkel – einzufügen. Die Fragen in der Lernerfolgskontrolle sind, wie in 4.3 bereits angesprochen wurde, vom Großteil der Klasse richtig beantwortet worden. Zu meinem subjektiven Empfinden hat die sechste Stunde der Reihe wesentlich beigetragen. Hier konnten zwar die Salzbildungsarten nicht mehr alle benannt werden. Das spricht zwar für eine geringe Nachhaltigkeit des Lernstoffs. Ich bezweifle aber, dass diese bei geschlossenen Arbeitsformen höher gewesen wäre. Die kurzen Präsentationen der Schüler/-innen zu den einzelnen Stationen waren dafür jedoch umso zufriedenstellender. Außerdem konnte die Transferaufgabe (vgl. A9) von den meisten Lernenden den Anforderungen entsprechend bearbeitet werden. Die Arbeit ohne Formelmaterial ist allen gelungen. Das Aufstellen der Reaktionsgleichungen konnten nur die leistungsstarken Schüler/-innen meistern. In den Portfolios ist diese Differenz zwischen starken und schwachen Schülern/-innen weniger aufgefallen. Sie haben dort aufgrund der Gruppenarbeit voneinander profitiert und aufgrund der Benutzung der Lernhilfen weniger Fehler gemacht. Ich denke also, dass die dritte und letzte Leitfrage auch positiv beantwortet werden kann. Meines Erachtens haben die Schüler/-innen die wesentlichen fachlichen Dinge erfassen und verschriftlichen können. Sie haben dabei nur wenige Fehler gemacht und die Lernerfolgskontrolle ist ebenso recht gut ausgefallen. Die Auswertung der Schülerreflexionen hat ergeben, dass die meisten Lernenden auch der Ansicht sind, etwas gelernt zu haben (vgl. Abbildungen 5-9). Zusammenfassend ist zu sagen, dass die Methode mindestens das leisten kann, was geschlossene Arbeitsformen auch leisten können. Nach meinem subjektiven Empfinden ist der Lernerfolg sogar höher.

Abschließend ist zu sagen, dass alle Leitfragen positiv beantwortet werden konnten. Die Methode *Lernen an Stationen* hat sich damit – unter Berücksichtigung einiger Veränderungen konkret an dieser Unterrichtsreihe – bei dieser Lerngruppe als geeignet erwiesen, Erkenntnisgewinnung und selbstständiges Lernen im Themenkreis „Salzbildungsarten" zu fördern und einen vergleichsweise höheren Lernerfolg herbeizuführen. Damit hat sich für mich gezeigt, dass diese Methode ein probates Mittel im Unterricht sein kann, nicht nur Lernstoff zu üben und zu festigen, sondern auch neue Themen zu bearbeiten. Daher und auch, weil mir das Konzipieren und das Ausprobieren solcher Materialen Freude bereitet, werde ich die Methode wieder im Unterricht einsetzen; behutsam und parallel zu anderen Arbeitsformen, weil ich das Feedback der Schüler/-innen an dieser Stelle auch ernst nehmen möchte.

Inwiefern andere Kompetenzbereiche oder Schwerpunkte durch die Methode gefördert werden können, bleibt auszuprobieren. Dies zu verschriftlichen und im Rahmen einer ähnlichen Arbeit zu untersuchen, obliegt nun anderen. ENDE

A Anhang

A1 Anhang 1: Arbeitsblatt zu Station 4

Lernzirkel: Salzbildungsreaktionen	Name:
Chemie 9b	Datum: 07. Februar 2011

Salze auf zig Arten
Station 4

Plant den Versuch und führt ihn durch. Notiert Beobachtungen, Anweisungen zur Durchführung und beantwortet die Fragen zur Auswertung.

Geräte: Brenner, Reagenzglas, Holzklammer, Waage, Pipette, Schutzbrille, Trichter, Porzellanschale, Filterpapier, Magnet

Chemikalien: 0,2 g Eisenpulver, 10 ml verdünnte Salzsäure (C)

Durchführung: Plant den Versuch. Entnehmt der Grafik, was ihr zu tun habt. Notiert hier Anweisungen zur Durchführung. Den Magneten nicht direkt mit dem Eisen in Berührung bringen!

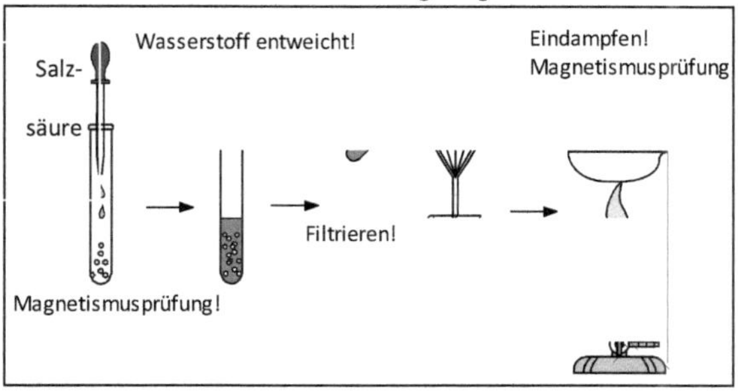

Beobachtungen: ______________________

Auswertung: Beantwortet die folgenden Fragen gemeinsam.

1. Erklärt eure Beobachtungen. Geht dabei insbesondere auf die Magnetismusprüfung ein.
2. Stellt für die abgelaufene Reaktion Wort- und Reaktionsgleichung auf.
3. Man kann auch unter Verwendung anderer Säuren und Metalle ein Salz auf ähnliche Art und Weise herstellen. Notiert ein allgemeines Reaktionsschema.
4. Stellt euch vor, ihr wärt Chemiker in einem großen Labor und bekämt den Auftrag, die folgenden Salze herzustellen. Welche Ausgangsstoffe wären nach Bearbeitung dieser Station dazu nötig? Notiert Wort- und Reaktionsgleichungen.
   a) Magnesiumsulfit
   b) Calciumsulfat

A2 Anhang 2: Arbeitsblatt zu Station 5

Lernzirkel: Salzbildungsreaktionen	Name:
Chemie 9b	Datum: 07. Februar 2011

Salze auf zig Arten
Station 5

Plant den Versuch und führt ihn durch. Notiert Beobachtungen, Anweisungen zur Durchführung und beantwortet die Fragen zur Auswertung.

Geräte: Reagenzglas, Pipette, Schutzbrille, Reagenzglasständer, Trinkhalm

Chemikalien: 10 ml Calciumlauge (Kalkwasser) (Xi)

Durchführung: Plant den Versuch. Entnehmt der Grafik, was ihr zu tun habt. Notiert hier Anweisungen zur Durchführung.

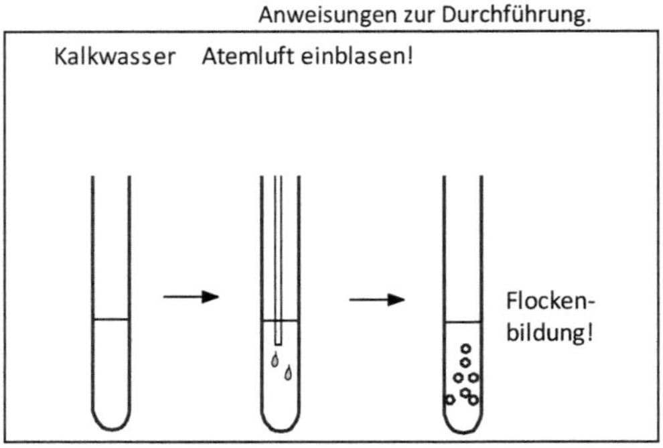

Beobachtungen:

Auswertung: Beantwortet die folgenden Fragen gemeinsam.

1. Beim Einblasen der Ausatemluft entsteht schwerlösliches Calciumcarbonat – also ein Salz. Stellt die Formel dafür auf.
2. Welcher Bestandteil der Ausatemluft hat die Veränderungen mit Blick auf die Formel aus 1. nun wohl hervorgerufen?
3. Dieser Bestandteil reagiert mit der Calciumlauge. Notiert für diese Reaktion die Wort- und Reaktionsgleichung.
4. Man kann auch unter Verwendung anderer Säuren und Gase ein Salz auf ähnliche Art und Weise herstellen. Notiert ein allgemeines Reaktionsschema.
5. Stellt euch vor, ihr wärt Chemiker in einem großen Labor und bekämt den Auftrag, die folgenden Salze herzustellen. Welche Ausgangsstoffe wären nach Bearbeitung dieser Station dazu nötig? Notiert Wort- und Reaktionsgleichungen.
   a) Bariumcarbonat
   b) Silbersulfit

A3 Anhang 3: Hilfen zu Station 4

Hilfen Station 4

Zu 1.) Hilfe 1: Wie unterscheiden sich Ausgangsstoff (Eisen) und das Reaktionsprodukt hinsichtlich der magnetischen Eigenschaften? Welchen Schluss könnt ihr daraus ziehen?

Zu 2.) Hilfe 1: So viel ist klar: Eisen + Salzsäure → Wasserstoff + … . Notiert die Formeln der Ausgangsstoffe und von Wasserstoff. Überlegt, welche Atomsorten übrig bleiben und wie dementsprechend das zweite Produkt aussehen müsste. Es muss ja ein Salz sein.

Hilfe 2: Stellt die chemische Formel für das zweite Produkt unter Beachtung der Ladung beteiligten Ionen auf. Beachtet: Eisen hat hier die Wertigkeit III.

Hilfe 3: Für die Reaktionsgleichung habt ihr bereits alle Formeln zusammen. Stellt die Gleichung auf und gleicht sie aus. Beachtet, dass Wasserstoff zweiatomig, also in Form von H_2, vorkommt.

Zu 3.) Hilfe 1: Überlegt euch, welchen Stoffgruppen Eisen und Salzsäure jeweils zugeordnet werden können.

Hilfe 2: Das Produkt ist ein Salz. Formuliert eine allgemeine Gleichung dieser Form: Stoffgruppe von Salzsäure + Stoffgruppe von Eisen → Salz + Wasserstoff!

Zu 4.) Hilfe 1: Überlegt, welche Stoffe ihr braucht, um die beiden Salze gemäß dem in Aufgabe 3 gefundenen Schema herzustellen. In welcher Säure ist Sulfit zu finden?

Hilfe 2: Stellt nun die Wortgleichungen auf.

Hilfe 3: Stellt die Formeln für die beteiligten Säuren auf.

Hilfe 4: Bestimmt die Ladungen der Ionen in den Salzen. Stellt die chemischen Formeln für die Salze auf.

Hilfe 5: Die Reaktionsgleichung sollte nun kein Problem mehr sein. Habt ihr ausgeglichen?

Lösungen der Hilfen

Zu 1.) Hilfe 1: Eisen ist magnetisch, das Reaktionsprodukt nicht mehr. Es hat also eine chemische Reaktion stattgefunden, bei der sich die Eigenschaften verändert haben.

Zu 2.) Hilfe 1: Fe, HCl und H_2. Es bleiben die Atomsorten Fe und Cl „übrig". Diese bilden dann vermutlich ein Salz.

Hilfe 2: Fe^{3+} und Cl^-. Also: $FeCl_3$.

Hilfe 3: $2\ Fe + 6\ HCl \rightarrow 2\ FeCl_3 + 3\ H_2$

Zu 3.) Hilfe 1: Eisen ist ein Metall, verdünnte Salzsäure zählt zu den Säuren.

Hilfe 2: Säure + Metall → Salz + Wasserstoff

Zu 4.) Hilfe 1: a) Magnesium und schweflige Säure, Calcium und Schwefelsäure

Hilfe 2: a) Magnesium + schweflige → Magnesiumsulfit + Wasserstoff
b) Calcium + Schwefelsäure → Calciumsulfat + Wasserstoff

Hilfe 3: a) H_2SO_3, b) H_2SO_4

Hilfe 4: a) Mg^{2+} und SO_3^{2-}, b) Ca^{2+} und SO_4^{2-}. Also: $MgSO_3$ und $CaSO_4$.

Hilfe 5: a) $H_2SO_3 + Mg \rightarrow MgSO_3 + H_2$
b) $H_2SO_4 + Ca \rightarrow CaSO_3 + H_2$

A4 Anhang 4: Laufzettel zum Lernzirkel

Lernzirkel: Salzbildungsreaktionen	Name:
Chemie 9b	Datum: 07. Februar 2011

Laufzettel

Ziel dieses Lernzirkels ist es, dass du verschiedene Varianten kennen lernst, wie man Salze herstellen kann. Dazu passierst du in den nächsten Stunden die unten aufgelisteten fünf Stationen. Jede Station steht für eine Möglichkeit der Salzbildung. Du sollst mit deinen Mitschülern zusammenarbeiten, die ausliegenden Hilfen nutzen und nur im Notfall den Lehrer befragen. Alle Versuchsvorschriften sind aufmerksam zu lesen und die Sicherheitshinweise zu beachten.

Auswertung und Kurzreflexion: Fülle die beiden Tabellen aus.

Station/ Datum	Reaktionsschema zur Salzbildung	Beispielreaktionsgleichung
1		
2		
3		
4		
5		
6/7		

Station	Die Station fiel mir ...				Hilfen benutzt (ja / nein)
	Ganz leicht	Leicht	Schwer	Ganz schwer	
1					
2					
3					
4					
5					
6/7					

Anmerkungen:

___

___

A5 Anhang 5: Arbeitsblatt zu Station 6 (Wahl)

Lernzirkel: Salzbildungsreaktionen	Name:
Chemie 9b	Datum: 07. Februar 2011

Salze auf zig Arten

Station 6 (Wahl)

Plant den Versuch und führt ihn durch. Notiert Beobachtungen, Anweisungen zur Durchführung und beantwortet die Fragen zur Auswertung.

Geräte: 3 Reagenzgläser, Reagenzglasständer, Spatel, Schutzbrille, Waage, Trichter, Pipette

Chemikalien: 2 g Natriumchlorid, 10 Tropfen Silbernitrat (1-3%ig) (C, N)

Durchführung: Plant den Versuch. Entnehmt der Grafik, was ihr zu tun habt. Notiert hier Anweisungen zur Durchführung. Der Versuch ist im Abzug durchzuführen.

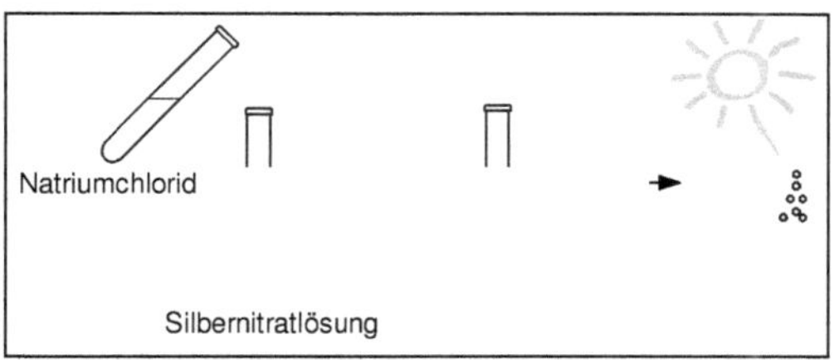

Beobachtungen:

Auswertung: Beantwortet die folgenden Fragen gemeinsam.

1. Stellt für die Reaktion Wort- und Reaktionsgleichung auf.
2. Beschreibt den Einfluss des Lichts auf die Reaktion. Denkt an die Schwerlöslichkeit von Silbersalzen, die wir im Unterricht kennen- gelernt haben
3. Es hat sich bei dem Versuch ein Salz gebildet. Edukte waren aber schon zwei Salze. Überlegt und entwickelt eine Verallgemeinerung – ein Reaktionsschema – wie man ähnlich zu dem bearbeiteten Versuch ein Salz herstellen kann. Nutzt ggf. die Hilfen.
4. Stellt euch vor, ihr wärt Chemiker in einem großen Labor und bekämt den Auftrag, die folgenden Salze herzustellen. Welche Ausgangsstoffe wären nach Bearbeitung dieser Station dazu nötig? Notiert Wort- und Reaktionsgleichungen.
   a) Silberbromid
   b) Bariumsulfat

A6 Anhang 6: Gesamtübersicht der Beobachtungen

Gesamtübersicht				
Datum: Verschiedene Tage im Zeitraum 07. Februar bis zum 28. Februar 2011				
Beobachtungspunkt	**Der Punkt ist sehr gut (1)**	**gut (2)**	**kaum (3)**	**nicht (4) beobachtbar.**
Zur Erkenntnisgewinnung: Die Lernenden… 1. …erkennen Fragestellungen, die durch chemische Kenntnisse und Untersuchungsmethoden zur beantworten sind.		X		
2. …stellen Vermutungen und Hypothesen auf.		X		
3. …planen geeignete Untersuchungen zur Überprüfung von Vermutungen und Hypothesen		X		
4. …führen qualitative experimentelle und andere Untersuchungen durch und protokollieren diese.	X			
5. …experimentieren unter Beachtung von Sicherheits- und Umweltaspekten.		X		
6. …erheben bei Untersuchungen, insbesondere in chemischen Experimenten, relevante Daten oder recherchieren diese.		X		
7. …finden in erhobenen oder recherchierten Daten Trends, Strukturen und Beziehungen und erklären diese.		X		
8. …nutzen geeignete Modelle, um chemische Fragestellungen zu beantworten.	X			
Zum selbstständigen Lernen: Die Lernenden… 9. …arbeiten weitgehend ohne direkte Instruktion der Lehrkraft.	X			
10. … wählen aus mehreren differenzierenden Lernangeboten.				X
11. … bestimmen ihre Lernpartner und die Sozialform selbst.	X			
12. … arbeiten kooperativ mit anderen zusammen.		X		
13. … nutzen zusätzliche Unterstützungsangebote.	X			
14. … finden Lösungen ohne die Hilfe der Lehrkraft.		X		
15. … kontrollieren ihre Lösungen selbstständig.				X
16. … reflektieren ihren Lernprozess schriftlich.			X	
17. … bestimmen ihr Arbeitstempo selbst und halten dabei Zeitvorgaben ein.	X			
18. … klären Konflikte in der Gruppe selbstständig.		X		
19. … dokumentieren ihre Arbeit.	X			

Tabelle 11: Gesamtübersicht der Beobachtungen

A7 Anhang 7: Weitere Schülerreflexionen

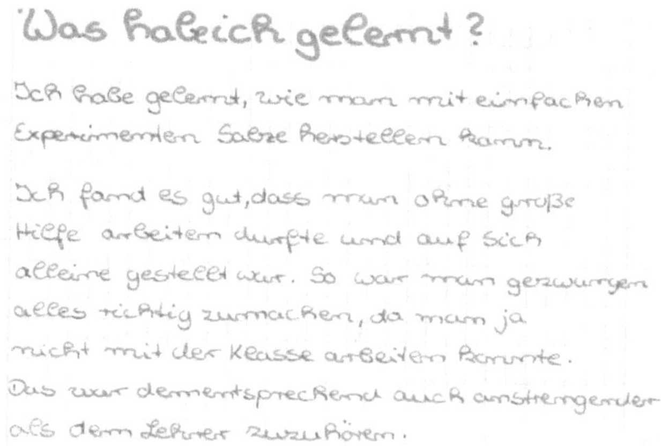

Was habeich gelernt?

Ich habe gelernt, wie man mit einfachen Experimenten Salze herstellen kann.

Ich fand es gut, dass man ohne große Hilfe arbeiten durfte und auf sich alleine gestellt war. So war man gezwungen alles richtig zumachen, da man ja nicht mit der Klasse arbeiten konnte. Das war dementsprechend auch anstrengender als dem Lehrer zuzuhören.

Abbildung 8: Schriftliche Reflexion einer Schülerin (2)

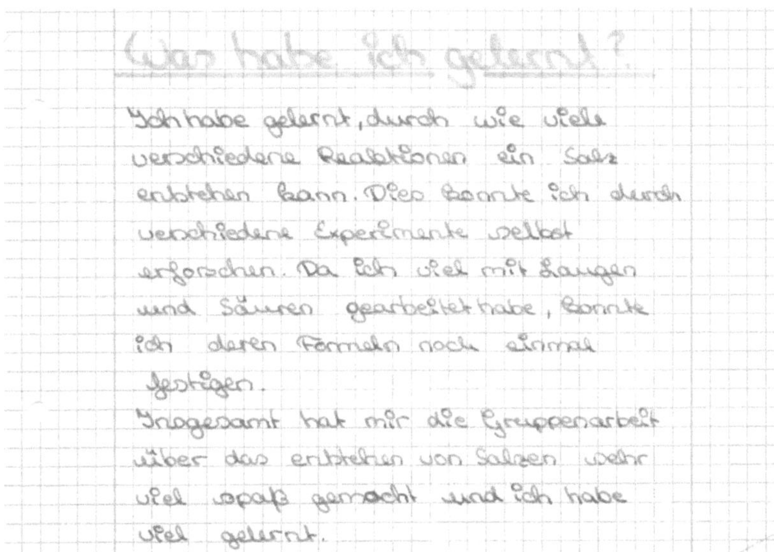

Was habe ich gelernt?

Ich habe gelernt, durch wie viele verschiedene Reaktionen ein Salz entstehen kann. Dies konnte ich durch verschiedene Experimente selbst erforschen. Da ich viel mit Laugen und Säuren gearbeitet habe, konnte ich deren Formeln noch einmal festigen.
Insgesamt hat mir die Gruppenarbeit über das entstehen von Salzen sehr viel spaß gemacht und ich habe viel gelernt.

Abbildung 9: Schriftliche Reflexion einer Schülerin (3)

A8 Anhang 8: Exemplarische Schülerlösung von Station 4

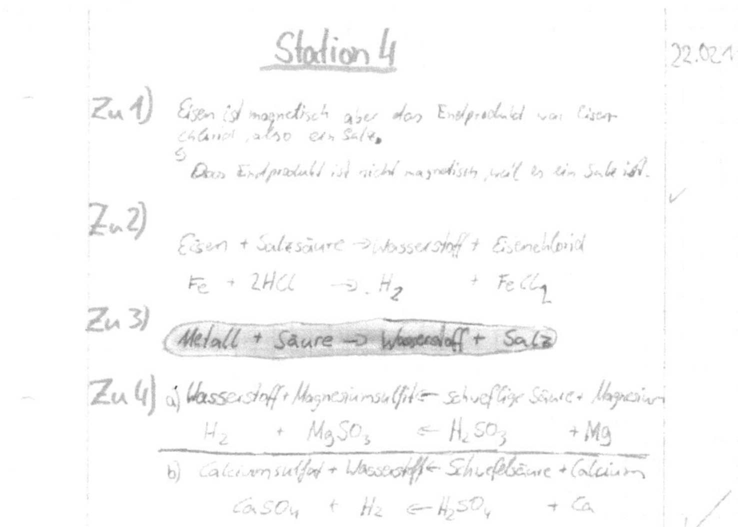
Station 4

22.02.11

Zu 1) Eisen ist magnetisch aber das Endprodukt von Eisenchlorid, also ein Salz.

Das Endprodukt ist nicht magnetisch, weil es ein Salz ist.

Zu 2) Eisen + Salzsäure → Wasserstoff + Eisenchlorid

$Fe + 2HCl \rightarrow H_2 + FeCl_2$

Zu 3) Metall + Säure → Wasserstoff + Salz

Zu 4) a) Wasserstoff + Magnesiumsulfit ← schweflige Säure + Magnesium

$H_2 + MgSO_3 \leftarrow H_2SO_3 + Mg$

b) Calciumsulfat + Wasserstoff ← Schwefelsäure + Calcium

$CaSO_4 + H_2 \leftarrow H_2SO_4 + Ca$

Abbildung 10: Schülerlösung zu Station 4

A9 Anhang 9: Transferaufgabe in der sechsten Stunde

Beschreibt mit Wort- und Reaktionsgleichungen vier verschiedene Möglichkeiten, das Salz Calciumchlorid darzustellen.

1. Möglichkeit: Wortgleichung: ______________________________

   Reaktionsgleichung: ______________________________

2. Möglichkeit: Wortgleichung: ______________________________

   Reaktionsgleichung: ______________________________

3. Möglichkeit: Wortgleichung: ______________________________

   Reaktionsgleichung: ______________________________

4. Möglichkeit: Wortgleichung: ______________________________

   Reaktionsgleichung: ______________________________

A10 Anhang 10: Bearbeiteter Laufzettel eines Schülers

Lernzirkel: Salzbildungsreaktionen	Name:
Chemie 9b	Datum: 03. Januar 2011

Laufzettel

Ziel dieses Lernzirkels ist es, dass du verschiedene Varianten kennen lernst, wie man Salze herstellen kann. Dazu passierst du in den nächsten Stunden die unten aufgelisteten fünf Stationen. Jede Station steht für eine Möglichkeit der Salzbildung. Du sollst mit deinen Mitschülern zusammenarbeiten, die ausliegenden Hilfen nutzen und nur im Notfall den Lehrer befragen. Alle Versuchsvorschriften sind aufmerksam zu lesen und die Sicherheitshinweise zu beachten.

Auswertung:

Station	Reaktionsschema zur Salzbildung	Beispielreaktionsgleichung
1	Metall + Nichtmetall ⇒ Salz	$Cu + S \rightarrow CuS$
2	Säure + Lauge ⇒ Wasser + Salz	$HCl + NaOH \Rightarrow H_2O + NaCl$
3	Säure + Metalloxid ⇒ Wasser + Salz	$H_2SO_4 + CuO \Rightarrow H_2O + CuSO_4$
4	Metall + Säure ⇒ Wasserstoff + Salz	$Fe + 2HCl \rightarrow H_2 + FeCl_2$
5	Nichtmetalloxid + Lauge ⇒ Salz + Wasser	$CO_2 + Ca(OH)_2 \Rightarrow CaCO_3 + H_2O$

Reflexion:

Station	Die Station fiel mir … Ganz leicht	Leicht	Schwer	Ganz schwer	Hilfen benutzt (ja / nein)
1			X		u. a.
2		X			nein
3	X				nein
4	X				nein
5			X		nein

Abbildung 11: Laufzettel eines Schülers

B Literaturverzeichnis

Autorenkolleg (2004): „Pschyrembel – Klinisches Wörterbuch"; Berlin: Walter de Gruyter GmbH & Co. KG; 260. Auflage

Barzel, B; Büchter, A.; Leuders, T. (2008): „Mathematik-Methodik"; Berlin: Cornelsen Scriptor

Bauer, R. (2010): „Schülergerechtes Arbeiten in der Sekundarstufe 1: Lernen an Stationen"; Berlin: Cornelsen Verlag Scriptor GmbH & Co. KG; 8. Auflage

Büchter, A.; Leuders, T. (2009): „Mathematikaufgaben selbst entwickeln"; Berlin: Cornelsen Verlag Scriptor GmbH & Co. KG; 4. Auflage

Becker, G. E. (1997): „Planung von Unterricht – Handlungsorientierte Didaktik Teil I"; Weinheim und Basel: Beltz-Verlag; 7. Auflage

Becker, H.-J.; Glöckner, W.; Hoffmann, F.; Jüngel, G. (1992): „Fachdidaktik Chemie"; Köln: Aulis Verlag Deubner & Co. KG; 2. Auflage

Bruner, J. (1974): „Entwurf einer Unterrichtstheorie"; Düsseldorf und Berlin: Berlin Verlag/Schwann

Bolte, C. (2004): „Motivation und Lernerfolg im Chemieunterricht der Sekundarstufe 1"; In: Praxis der Naturwissenschaften / Chemie in der Schule; Köln: Aulis Verlag; 53 (2); S. 2-5

Büttner, D.; Mascherrek, D. (2008): „Unterricht Chemie – Stundenbilder, Experimente, Medien – Band 4: Salze"; Köln: Aulis Verlag Deubner & Co. KG; 2. Auflage

Danielson, C. and Abrutyn, L. (1997): "An introduction to using portfolios in the classroom"; Alexandria, Virginia: ASCD

Egle, G. (2010): „Portfolio – Überblick"; Abgerufen von *http://www.teachsam.de/arb/portfolio/portfolio_1.htm* am 12.04.2011 um 16:00 Uhr

Friedrich, H. F.; Mandl, H. (1990): „Psychologische Aspekte autodidaktischen Lernens"; In: Unterrichtswissenschaft 3; S. 197-218

Gräber, W. (1992): „Untersuchungen zum Schülerinteresse an Chemie und Chemieunterricht"; In: Chemie in der Schule; 39 (7/8); S. 270-273

Jürgens, E. (2004): „Die „neue" Reformpädagogik und die neue Bewegung Offener Unterricht"; Sankt Augustin: Academia Verlag; 6. Auflage

Potthoff, J.; Potthoff, W. (1996): „Lernen und Üben mit allen Sinnen – Lernzirkel in der Sekundarstufe"; Freiburg: Reformpädagogischer Verlag Jörg Potthoff

Schakies-Ottenstein, M. (2007): „Selbstständiges Lernen im Mathematikunterricht einer 7. Klasse: Die Arbeit mit Kompetenzrastern – Chancen und Probleme"; Schriftliche Hausarbeit zur 2. Staatsprüfung am Landesinstitut für Lehrerbildung und Schulentwicklung Hamburg; Download von *http://www.li-hamburg.de/fix/files/doc/Schakies-O._Selbstst.%20Lernen.pdf am 11.01.2011 um 09:24 Uhr*

Schiefele, U.; Pekrun, R. (1996): „Psychologische Modelle des selbstgesteuerten und fremdgesteuerten Lernens"; In: F.E. Weinert (Hrsg.): „Psychologie des Lernens und der Instruktion" (= Enzyklopädie der Psychologie, Serie Pädagogische Psychologie, Bd. 2); Göttingen: Hogrefe; S. 249 – 278

Sekretariat der Ständigen Konferenz der Kultusminister der Länder in der Bundesrepublik Deutschland (Hrsg., 2005): „Bildungsstandards im Fach Chemie für den mittleren Schulabschluss vom 16.12.2004"; München und Neuwied: Wolters Kluwer Deutschland GmbH

Senatsverwaltung für Bildung, Jugend und Sport (Hrsg., 2006): „Rahmenlehrplan für die Sekundarstufe 1 – Chemie"; Berlin; Download von *http://www.berlin.de/imperia/md/content/sen-bildung/schulorganisation/lehrplaene/sek1_chemie.pdf* am 07.01.2011 um 17:12 Uhr

Severing, E. (1996): „Der Beitrag computergestützter Lerntechnologien zum Lernen am Arbeitsplatz"; In: Schenckel, P. et al. (Hrsg.): „Didaktisches Design für die multimediale, arbeitsorientierte Berufsbildung"; Berlin: Bundesinstitut für Berufsbildung

Simons, P. R. J. (1992): „Lernen selbstständig zu lernen – ein Rahmenmodell"; In: Mandel, H./ Friedrich, H.F. (Hrsg.): „Lern- und Denkstrategien, Analyse und Intervention"; Göttingen; S.251

Stäudel, L. (Hrsg., 2008): „Aufgaben mit gestuften Hilfen für den Chemieunterricht"; Seelze: Erhard Friedrich Verlag GmbH

Strzebkowski, R. (2001): „Selbstständiges Lernen mit Multimedia in der Berufsausbildung"; Dissertation an der FU Berlin; Download von *http://www.diss.fu-berlin.de/diss/servlets/MCRFileNodeServlet/FUDISS_derivate_000000002076/00_strzebkowski.pdf?hosts=* am 11.01.2011 um 10:30 Uhr

Stübig, F. (Hrsg, 2004): „Lernen an Stationen – Ein Beitrag zum selbstständigen Lernen"; Kassel: kassel university press GmbH

Weinert, F. E. (1982): „Selbstgesteuertes Lernen als Voraussetzung, Methode und Ziel des Unterrichts"; In: Unterrichtswissenschaft 10 (2); S. 99-110

Wiechmann, J. (2000): „Zwölf Unterrichtsmethoden"; Weinheim und Basel: Beltz-Verlag; 2. Auflage

Winter, F. (2007): „Portfolioarbeit im Unterricht. Orientierungspunkte und Indikatoren"; In: Pädagogik; Hamburg: Beltz; 07-08 (2007); S. 34-39

Das Berlin-Logo von der Titelseite stammt aus: *http://www.spielmittel.de/Deutsch/Verein/Berlin%20Logo.GIF* (Download am 17.01.2011 um 11:14 Uhr)

Die Versuchsskizzen wurden erstellt mit Labor- und Formelmaker; Ernst Klett Verlag; 2010.